N°01 *basic*

01 Basic 男士基本款

杜绍斐/主编

生活·讀書·新知 三联书店 生活書店出版有限公司

若有个女孩子回眸一笑，打动了你，就值得你为她做点儿什么。

WHY A MOOK?
为什么做一本杂志书？

文 / 杜绍斐

我不得不把书架再清空一次，摆上些更值钱的物件。毕竟均价十万一平米的北京房，拿价值三十万的面积放置一堆三块钱一斤的旧书，显得过于奢侈。

但有房总归是好的，经济不景气，房租开始跳着几千涨，朋友总抱怨原先搬次家最头痛的是丢书，现在是根本住不起能放书的房子。丢了买房买车的资格，丢了存款，还可以精神胜利，但若连那点书上的书卷气也丢了，真不知道老大一个活人还剩下点什么。

我最怀念黄金时代杂志的书卷气，倒不是怀念那些浮华的间距、流离的封面，而是掀开铜版纸时那一缕特别的油墨味道，海水般腥甜，报刊亭用塑料包装纸包装起另一个世界，但撕开的时候，鼻子总不会骗人。

时间总能改变一切，比如你根本不可能知道油墨分子何时跟氧气密谋好一场私奔，又带着油墨的味道在哪一天烟消云散。又比如杂志也愈来愈薄，苹果（Apple）和谷歌（Google）用数字革新了媒体业，也不小心弄丢了那无关紧要的一缕书的味道。

和味道一起消失的还有读书的心境，谁还会读书？数字设备蜜糖般的诱惑，使我每天起床和入睡前，必须打开手机查看最后两条微信和朋友圈。一个又一个的小红点，都市的新“G 点”，持续分泌的多巴胺，一轮又一轮的廉价快感。

去年夏天，我回老家看父母。大城市的都市病发作，在周末下午总想出门喝杯咖啡。开车抵达附近的一家韩式咖啡馆，点好咖啡爬到二楼吸烟区，眼前的场景非常震撼：乌泱泱一片人都抱着手机，插着充电器，低头玩《王者荣耀》。多年前的包夜网吧也像这样，永远烟雾缭绕，人体横七竖八，看不出颜色。就像《黑客帝国》（*The Matrix*）中脑后插管的高科技未来，没有人需要动脑思考，享受高科技一轮又一轮地满足生活就好。

越来越小的数字设备，越来越高的刺激频率，正将每一个人的时间和注意力无限分割，不断投入到无边无际的商业陷阱中。一切都与读一本书需要的沉静与克制形成天生的背离。
美国人出版过一本书，内容就是抨击数字设备对大脑结构的改变，高强度的注意力毒剂正侵蚀着突触结构，长久下去，丧失掉的不仅是注意力，更是每个人不会再生的最宝贵的时间资产。工业革命造就的、信奉着知识就是力量的知识阶层正被信息革命迅速瓦解，时间与注意力将成为新的奢侈品。当高科技彻底支配人类时间的那天，它就统治了一切。
大潮所至，你该指责谁呢？好像你不能指责咖啡馆的空调够凉快，充电口够多，即使当天我坐下来，也忍不住五分钟就看一次手机。你也不能指责可笑的美国人专门写本书，就像我压根儿静不下心去读那本书，却可以根据网络书评对这本书发表一番高见。
今年初，我尝试重拾读书的习惯，却发现最大的困难已不是如何找到好书，而是真的没办法集中精力阅读完一页纸。最多三行字，注意力便已飘远。回头想来，那些坚持敛气看书的人，早在这个聒噪的时代甩开我太远，这是个彻底的坏消息。但也有好消息，读书识字这件事，向来是少数人的游戏。历史上的任何一个时代，识字率都是非常低的，所以，不是世界在变得更坏，也许只是越来越多不会说话的人学会了表达，聒噪也在所难免。
绝大多数人不再思考，坚持思考的人就已经逆流而上。当绝大多人不再读书，还在读书的人就已经发出与众不同的光芒，最新鲜的思想理应诞生在最新鲜的头脑中，最热络的思想也理应逆流而上。思考像个小孩子，总习惯躲藏在文字后面。
知易行难，说起来容易，做起来难。大多数人不会做任何改变，淡淡丢下一句：世界不会好了。只有少数想“活过来”的人，才会选择拔掉脑后的管，吃下红色药丸，或者把大锤扔向屏幕，或者打开一本书。屏蔽杂音，才可能直入内心。
三年前，我开始创办“杜绍斐”，便被人冠上个新媒体创业者的名头，摊子越来越大，便沾染了越来越多的凡事向资本看齐的气息，心里难免越来越焦躁，生怕自己矮别人一头。但如今回头看看，这弹指一挥的短短三年，竟已充满太多雨打风吹去的朱楼往事，宾客散尽，废墟一片。
新媒体做得多了，更发现有一些话，不可能在荧幕上永久沉淀，因为电池总会失效。也总有一些文字，必须要通过沉静和有粗粝质感的纸面，才会变得更有分量。于是暗中萌生出做一本杂志书的想法，想给未来和过去留下些浅薄的什么。
清理书架上杂志的过程远比我想象中困难，扫视书架上摆放的每一个月份的杂志，略加回想，便不胜唏嘘。时间不舍昼夜，每本杂志都像忠诚的笔记员，郑重其事地在书脊上记录下每一个时间点。每一本杂志都能勾起你对那时那景的回忆，在这一点上，杂志远比书来得残酷。
感谢三联生活书店邝芮与《三联生活周刊》杨璐的不离不弃，从策划到落地，这薄薄百多页纸竟消耗掉近一年的时间与心力。也希望这本杂志书，成为这个时代逆流而上的一分子。不仅是文字的、图片的，更是时间与空间的一次全新凝结，永久凝结住你阅读此书时的情景与心境，在角落中，等待油墨味道散尽后的再次被唤醒。
不赚钱，也未必赚吆喝，但为什么要做一本杂志书，原因大概就是如此了。

Part 1
Invitation

杜 少 做 东 ⇔ 陈 凯 歌

Kaige Chen: If A Girl Looks Back with A Smile Which Touches You, It's Worth Doing Something for Her.

陈凯歌：倘若有个女孩子回眸一笑，打动了你，就值得你为她做点儿什么。

2017 年 12 月 19 日中午 11 点半，
我在北京和陈凯歌导演聊了 120 分钟。
下面是我们的聊天记录，陈凯歌的每一句话都在这里。

(C)
陈凯歌

(D)
杜绍斐

(D) 陈导，我给您简单介绍一下，说洋气一点我们是一家新媒体，做微信里的一些内容。我们覆盖的是 25 岁到 35 岁之间的年轻男性用户，杜绍斐是我本人的名字，但是现在它已经……

(C) 变成一个公众号了？

(D) 对，我希望它成为能够代表年轻人声音的一个品牌。这次想代表 30 岁左右的年轻人跟您这个“50 后”去做一个沟通。

(C) 没问题，咱们都随便点儿就行了。

(D) 我们可能会用比较年轻的那种语态问您一些问题。

(C) 没问题。但是我能不能以年轻的语态回答就不知道了，但是没关系，说就行了。

如何做一个有品位的直男

(D) 咱们这回主要是围绕“30 岁如何做一个有品位的直男”这个话题来采访您，您觉得一个有品位的直男应该是一个什么样的状态？

(C) 这个话题其实稍微有一点矛盾。我们家就有一直男，我的大儿子，今年快要 20 岁了，在上大学。

我自己就觉得，他穿衣服吧，让我觉得特别的……（笑）不可接受。

(D) 不可接受？

(C) 就是像“杜绍斐”里写的那些内容，穿格子上衣、短裤、白袜子这一路的。而且他每天都能特别从容淡定地穿上一身特不靠谱的衣服。比如说红黑格子的衬衣，配一条黄色的短裤，白袜子是经常的事，要不就是黑的，再穿个人字拖，基本是这个路子。其实我觉得如果说到有品位这个事儿，比较保险的方法，就是别离开黑白灰。

(D) 黑白灰？

(C) 因为人家说“要想俏，一身皂”。比如说，你穿个黑 T-shirt（T 恤，短袖圆领衫），或者白 T-shirt，配牛仔裤都行，灰的也可以，这就是不出错的直男。这是没有问题的。

(D) 所以在您看来，有品位的直男就是穿黑白灰？

(C) 为什么像做我们这行的老说黑白电影有意思？现在彩色系统已经发展成这样了，为什么还说黑白有意思？因为黑白它含蓄，在黑白中间能想象到其他颜色在，跟着人的不同而不同，这就有意思。我年轻的时候就特别喜欢这个黑白灰色系。

(D) 那您现在除了黑白灰以外还会怎么样打扮自己？

(C) 我呢，当然首先是得让我自己舒服。我记得民国大总统，后来想当皇上的袁世凯他的儿子袁寒云，这个人学贯中西，两边儿学问都很好，但是这人从来不穿西装。人家问他说："你为什么不穿西装？"他说："西装啊，是三条带子把人捆住。首先是领结，其次是腰带，第三是鞋带。三道箍把你给箍住了，特别没意思。"我也挺接受他这说法的，但是现在不时兴穿真正中式的东西了。
如果你问我说，要是能选择，而且也不在乎别人怎么说的话，我就会穿长衫。长衫为什么好啊？中国古话说"两截穿衣，三缕梳头"，这说的是女子。过去的男人都是一截穿衣，就是说穿一件长衫。长衫中间有一条线，从领口开始一直到脚下，这叫天地间一男子，有通天彻地的感觉。而且因为长衫是一件的缘故，穿上特别舒服。但是时代不同，要是现在穿一身长衫走到街上，那就成了个笑话。平常我还是喜欢穿棉麻制品，让我显得比较从容，也不那么拘礼。要穿那种熨得很平整的衬衣吧，你老觉得板板正正。棉麻制品，它有自然的褶皱，然后你配一条好一点儿的牛仔裤。过去啊，特别讲究穿皮鞋，说这人穿得不好没关系，鞋好就行，擦得锃亮的就行。这个观念现在也有变化，现在讲究穿球鞋，很随便，如果还是 Adidas（阿迪达斯）的古典款就更好，不张扬，但是明白这个鞋是这个牌子基础的东西，这就是品位了。

(D) 我听说您在英国拍摄时因为一个同事打扮太邋遢看不下去，就亲自带他去选衣服，我特别好奇当时他穿的是什么。

(C) 哦！其实那是在西班牙。
那天晚上西班牙的皇后要去参加《图兰朵》的首演。我就跟这几个创作人员说："你们都得穿讲究点儿。"结果他们说没带任何讲究的衣服。我说："这不行，咱们就一块儿去买衣服吧，我帮你们出出主意。"其中有一位，才华很高但是平常特别严肃，他问："我应该穿一套什么样的西装？"我说："你是属于不苟言笑型的，你得穿黑，穿一身黑西装配白衬衣，很正式的艺术家的感觉。不能打

领带，得用类似飘带式的领结，上面还有小小的波点。这一飘带啊，样子就好了。”他说：“这个为什么就好了？”我说：“消解了你过分严肃的感觉，有一种飘逸感，连脸都看起来不一样。”还有一位就是比较调皮捣蛋的人。我说：“让你穿正装你自己肯定特别扭，你这样，上身严肃一点儿，穿一件双排扣的西装，得是深蓝色的，表示你还是很郑重的，但是不妨穿一条苏格兰呢子裤，有一点儿隐隐的、格子的感觉，裤子的长度，八分就可以了，拖到脚面就没劲了，然后穿一双比较鲜艳的黄皮鞋。”他这个搭配起来也是不错的。能陪着同事们买这么两件西装穿出来，也是挺高兴的一件事儿。

(D) 看您年轻时候的照片，特别英俊，网友也都这么说。所以很好奇您年轻的时候，咱们讲直白点，都怎么耍帅？

(C) 其实啊，英俊谈不上，这个我自己心里特明白。在一个时代，你要耍帅，需要两个条件。第一个条件就是要清楚这个时代的风尚是什么样的。在我们物质贫乏的少年时代，它也有时尚。时尚这个东西是不灭的，它是深藏在人心里的。还有一个就是，你能拥有什么。不说我，就说我的同代人，比如说家庭条件比较好的那种军队干部子弟，家长可能是个上校、少将这一类的，那打扮起来就很有意思。首先是有一辆锃亮的墨绿色永久（自行车品牌）13 型自行车，学的是英国兰令（自行车品牌）的那种感觉。冬天，他们里边要穿带垫肩的将校呢军装，外边要穿一件蓝色外套，必须要露出军装领口，领口是系好的。你都想不到，一个口罩也可以成为装饰品。他们戴的那种口罩特别大，把脸完全遮住。再戴一个羊剪绒的皮帽子，然后呢，可能有一条围巾，要能够迎风飘扬，（大笑）……下边穿一双皮鞋，裤长也基本是八分左右。

(D) 那时候就流行八分裤了？

(C) 他可以剪啊！你设想一下，如果这是四五十人的一个群体，都是那打扮儿，风驰电掣，飞也似的，那是风景。夏天的时候呢，要穿柞蚕丝的军装，那时候凡是沾着这军队的都好像跟权威有点儿关系似的。柞蚕丝就是有点儿哆里哆嗦的意思，你呢，就远看的时候老觉得，哎这天桥的流氓来了？近看，人家那是军装。而且那个时候，不讲究打开领口，都系得很严，就是让你肃然起敬的意思。

(D) 对，我记得您在《少年凯歌》里写过当时有一双这个回力鞋，是吧？年轻的时候是怎么打扮自己的？

你要耍帅，需要两个条件

(C) 其实我小的时候，回力球鞋几乎是我们这个年龄段的至宝。你想想那个时候，说一个家庭一个月的收入能有五六十块钱已经很不错了。回力球鞋，我记得特别清楚，十块零五毛一双。那时候在机关食堂吃一个月的伙食费才八块钱，你能够花十块零五毛买一双球鞋，那是不得了的事儿。我记得我就是考上北京四中了，我母亲跟我说：“你终于考上中学了，好学校，给你买双回力球鞋。”那时度过了一个激动的夜晚。这球鞋呢，我就把它放在我床头上了。塑胶的鞋底，绿色的，上面有清晰的压纹，写着“回力”二字。闻着这个气味儿，就觉得真是太幸福了。穿的时候，那也是一种非常异样的感觉，因为这是可以挣回头率的事儿。

进了学校，同学们也不会直接说你穿了一双回力球鞋，人家只会说两个字，很简单，走过你的时候，回头说：“哎哟！”这“哎哟”两个字，就让你满足啊！（大笑）就是感觉太好了，回力替我长了脸了。到后来慢慢穿旧了，舍不得穿了，它得等到一个事儿的时候，比如说同学们有个什么小聚会，打球的时候才穿着去。小时候穿鞋肯定是很容易脏的，脏了以后要先拿清水洗，再拿肥皂洗，要在盆里泡很久，让它完全被渗透。否则你用肥皂洗完之后，白的帆布面上会发黄。要在阴凉地儿晾干，不能暴晒，这是个讲究。之后再把“大白”，其实是一种白粉，用水调匀了，给它上色。再放到比较有太阳的位置去晾，等到它干了以后会亮得耀眼。接着要做一件什么事呢？把两只手穿进这个鞋里头，对着啪啪一拍，有白色的烟雾升起，整个程序才算完成了。

(D) 陈导的球鞋保养心得可以啊（笑）。那当时您都穿些什么衣服？

(C) 衣服还真是有什么穿什么，很难讲究。但是人的审美心不管在什么时代都有。比如说我有一条蓝裤子已经比较旧了，膝盖这地方即将磨穿。那这个时候母亲肯定要说：“你这个该打补丁了。”我就想，是手缝，还是机器缝？如果机器缝的话，我就会剪两块椭圆，到外头去给它一圈一圈地砸边。这条旧裤子就似乎成了一个新款。你往那儿一坐，也可以吸引目光。其实也是用聊以自慰的方式穿穿。最好上面配一件军装。但当时要想弄一件儿，是不太容易的事，得经过很多交换的程序。比如说我一个月的零花钱是两块五毛钱，能不能换一件儿？人家可能说不行，得再添四个包子。这样讨价还价之后没准儿能成交。把军装弄回来之后得找一个衣架晾起来，那时候很少用熨斗，得用手抻平。再加上我这条有特色补丁的裤子，这一身儿既

回力鞋的味儿，闻着就幸福

保持了工农劳动人民的本色，又好像有点儿“权贵”的意思，这就比较有趣。

(D) 据您观察，从60、70年代开始到90年代，男性穿着都有一些什么变化？

(C) 反正我觉得爱美之心人皆有之，会爱不会爱的都得爱一下。比如说，我当兵的时候我母亲就给我这个领子的内侧，就是贴近脖子的那一圈儿做了一个领边。军队的领边一般都是白色，我母亲偏巧给我用“的确良”（涤纶）布做了一个银灰色的，这个也很招回头率。上边是银灰色的领边，下边是红领章，这就跟别人不一样，自己走起路来也会昂昂然，让你们都好好看一看，就是要这种感觉。到了70年代，我就发现有的人会穿一种让我狂笑的东西。尤其是上海的小伙伴们，他们会在衣服里面穿一个假领头，半截的那种，长度只到胸前。光瞧这领子，还挺像样的，但其实他是光着膀子呢，如果没穿T-shirt的话。而且假领头的两边还有个松紧带之类的东西。我们就常开玩笑让他们把衣服扣子解开。（笑）我觉得这个挺有意思。后来就突然时兴穿那个四个兜的中山装了，也是一板一眼的。我们那时候喜欢穿窄上衣、宽裤子，这个其实是合乎今天的时尚要求。穿一件军装把腰收得很紧，但是裤子肥大，因为那个时候还是少年，身形没长开，它就有点儿不合身，走起来嘶啦嘶啦地响，但这反而成了一个标志。到80年代就开始有人穿西装了，但我觉得可能是因为咱们不太习惯穿西装，所以穿不好看，而且西装好多都是咱们自己厂商生产的，没有什么板型。

(D) 不合身？

(C) 对，我说那个时候的西装就等于大褂，一跑起来随风飘扬那个劲儿的，到底还是因为不会穿。还有金利来的领带什么之类的。这些东西多了，大家渐渐地就会穿了，这几十年大致是经历了这么一个过程。

(D) 男人过了30岁后，身材会开始走形，包括肚子也会变大，那您是怎么通过着装来掩盖自己这些身材上的缺陷？

(C) 我就不掩盖了吧。因为我觉得，一身棉袄棉裤，也可以穿出风流潇洒。肚子有点儿起来或者是身体有点儿跟年轻时不一样也不会特意遮掩。我不是特别在意这个事，而且衣服随人，人一自信穿什么都好看。你老是自惭形秽，老觉得自己哪儿都不对，你穿再好看都没用。我以前见过一些老先生，现在都不在世了，他们都是布衣人士，穿得很粗糙，甚至是自己印染的蓝布。但是这些穿在他们身上，就显得那么尊贵，这就跟自身气质有关了。

(D) 能给 30 岁的年轻直男一些穿着上的建议吗?

(C) 年轻的直男们，如果自己不能判断，就用别人的判断来替代。比如说，你别去 Armani（阿玛尼），它的西装是给 45 岁以上的男人穿的。去 Prada（普拉达），给自己买一身比较紧俏的黑西装，黑西装什么场合都可以。另外为了表现你自己的潇洒，千万别穿西装裤。在一个老板比较开明的公司工作，尽可能穿牛仔裤。但是还有一条：我建议直男们把牛仔裤上的洞都给缝上。其实洞是好的，但是把洞堵上，会让老板感觉你是一个靠谱的人，这是印象分。衬衣的领子不能脏，低头写东西的时候，你的女上司如果站在你前面，她首先看到的就是你的领口。还有就是建议直男们如果不是在电脑上打字，要学会用钢笔写字，让自己的中指这儿留一缕墨水的痕迹。我们过去讲究墨香。说话的时候一定要手舞足蹈，让人看到这个，这叫有文化的直男。我觉得很要紧。

(D) 穿鞋上有什么要注意的吗?

(C) 鞋真的可以说是五花八门。我认为鞋这个事儿首先得说脚，其次才能说鞋。首先得把脚洗干净了，另外记着，五天剪一次脚指甲，别超过五天。要用肥皂洗脚，在不需要的场合，尽可能不穿袜子。要穿轻松简便的鞋，表现你的风度。你穿那种特别繁复的鞋可能很时髦，但是人家觉得你这人跟这鞋可能搭不上。我有时候看有些小姑娘个儿也不算太高，穿一双一尺二高的鞋，这一走你说多累，不如穿一双简便的鞋，走起路来像一阵风一样。所以这一切首先是和人本身有关。

(D) 包呢？直男平常应该拿什么包?

(C) 现在流行用环保的帆布包，其实挺好的。我举一个我们小时候的例子，那个时候你没得选，我们是背军用挎包，但军用挎包也可以被背得出神入化。比如在军用挎包的面儿上，我们请人用栽绒的大红丝线，缝鼓鼓囊囊的五个字：为人民服务。军用挎包是干吗用的呢？里边装的只有一样东西：就是一把菜刀，随时准备跟人打架。这就非常讽刺，写着为人民服务，然后整的都是那个。所以今天的包我觉得也以轻松简便为主，但是包这个东西得弄利索，皱皱巴巴不行。比如帆布包，每天早上得揪着俩角抖它，别让这包里头有点心渣、烟丝什么的，这不可以。手里提溜着就挺好看，不一定非要背着。如果上面有两个字母，有几个汉字，我觉得都很好。皮包也可以，但是皮包里边最好是糙面的，别太讲究。包的大小也很重要，什么样的身量，背什么样的包，你有时候会看见一个矮小的

人背一个特大的包，你就觉得这个包他是替别人背着的，这个就不好了。所以我自己就觉得，用这些东西要跟着你的心性走。

※ 工作人员此时过来问陈导，45分钟了，要不要先休息一下？

(C) 没事，咱接着来吧，聊得高兴。帮我倒杯水。

(D) 问您一个私人点儿的问题，爱敷面膜吗？

(C) 我就敷过一回，就在拍《妖猫传》的时候。那天有点儿中暑，心浮气躁，感觉难受。晚上我就早点儿睡了。大概在凌晨三四点钟的时候吧，我就觉得脸上有个又湿又黏的东西，还以为谁在我脸上搭了一块湿毛巾，不知道是怎么回事。我就赶紧起身到洗手间打开灯看，结果是一张面膜，陈红给我敷的，她可能觉得这样能让我第二天舒服点儿，脸上干净点儿或者怎么样。但是这冰凉的，我感觉真不行。我这辈子就这么一回。

(D) 平时喷香水吗？

(C) 看跟谁在一块儿。我有个老朋友是美国人，他喷一种古龙水，应该是法国的一个牌子，特别刺鼻，我自己认为他肯定是有狐臭。我只要跟他在一块儿，我就先喷点儿，我闻着我自己的味儿就闻不见他那个味儿。平常我就不太用香水。但是男士如果走过你的身边，一提鼻子闻到一点儿香气，有淡淡一缕幽香也是一件好事儿。我对这个东西并不排斥，看你做什么用。为了遮掩体味喷香水，我就觉得有点太刺激。Perfume（香水）这个东西被创造出来，它是让你优雅地使用，不是让你用得那么暴力。

(D) 您觉得对于一个直男来说，最不应该出现在自己洗手间里的是什么东西？

(C) 最不应该出现的东西就是从酒店敛来的廉价刮胡刀，这对自己太不好了。我还真见过，我说您至于吗？

(D)（笑）就是那种一次性的？

(C) 对，一次性的那种，还正儿八经地摆在那儿。我对他的看法都发生改变了。所以这个真不行。

(D) 您对刮胡刀有什么要求？

(C) 我认为男人刮胡子本是一种享受。我特别小的时候就记得我爸说要去刮胡子去，我说自己刮不就完了吗？他说不成，得上理发店。老师傅得正儿八经地给你系个白围巾，把椅子放倒，你闭上眼睛，一块热毛巾捂脸上，得捂透了，之后就听见刀子唰唰唰地响。进来的时候胡子拉碴，走的时候还你一张年轻了10岁的脸，这个劲儿真好。自己刮胡子的时候，我建议别太匆忙，如果赶着5分钟

陈红给我敷面膜，我觉得不行

以后得出门，这就坏了，一是刮不干净，刮不漂亮，另外一个就是容易刮破。把刮胡子的时间看作是给自己的小小礼物，这样才好。

(D) 这个说得好。陈导您平常洗澡的时候会唱歌吗？

(C) 我不唱歌，但我吹口哨，而且从小就吹比较高难度的《那波利之歌》之类的。但是有的时候我吹口哨也有别的目的，比如说我忘了把肥皂带进浴室，我只要一吹口哨，我儿子就给我送来，他就明白肯定是要肥皂。所以我觉得，吹口哨还有它的妙用。

(D) 那您能给姑娘们一些建议吗？比如说她们第一次到一个直男家里，如何通过这个直男家里的摆设来判断这个直男到底怎么样？

(C) 直接进他的浴室！找一个茬儿说我上洗手间，你进了浴室你对他就全了解了。别看他那个什么书房什么卧室，肯定都收拾过了。窗户也开了，味儿也散了。直接进他浴室，因为他认为你不会去。最烦人的是什么呢？挂着一条咸鱼似的毛巾，都硬了。一地的臭袜子还不是成双成对的，洗衣筐里头扔着花裤衩。我觉得我要是一女的，我掉头就走，这男的就算了，太不爱自己了。这是给女孩子们的建议。

如何撩姑娘

(D) 陈导，说说您最牛的一次泡妞经历吧！

(C) 我们那时候没什么别的途径，不像现在咱们泡个吧，唱个歌，那时候没那机会，不允许。所以我们就只能在街上把这事儿给办了。那是一种时尚，各路英雄好汉都干这件事儿。比如说我们这是个男校，不远处有一个女校，我们就天天得商量说："怎么着，去不去？""去呀！又得俩钟头。""俩钟头怕什么？"这就去了。先盯着，看见一个顺眼的，就跟上去，人家往哪儿走你就往哪儿走。但是也有失误的时候，可能她们家很近，一拐弯就进胡同到家了，那你就盯错了。但是你会做一个记录，她们家住这儿，下回得上胡同口等来。北京当时有一个术语叫"拍婆子"，今天叫"撩妹"，最主要的特点就是要教育自己脸皮厚一点儿。您说您要去撩妹，然后您脸皮还特薄，这事就做不成了。比如说我们有一次，从西城的新街口走到西四，这四五站路一直跟着一个很漂亮的女孩子。我们那时候对人家有一个称呼，因为你不能老跟着，得跟人家说话，得叫"同学"。我们四五个十三四岁的小伙子就在后头紧一声慢一声地叫，声音不能太高，太高吓着人家，得很温柔地叫："同学——同学——"然后这女孩儿就站住了，回头说："臭流氓！"

女孩说"臭流氓"，我说"谢谢鼓励"

(D)（大笑）那怎么办？

(C) 我们料到她会说这一句，所以都极有风度地说："感谢你的鼓励！"得说这么一句，当官的不打送礼的，这句"感谢你的鼓励"，不是鼓励了我们，是鼓励了她。她会微微一笑，接着往前走。只要你的耐心够，这事儿真没准儿就成了。当然冬天有时候比较容易上当，女孩子都是围一个特大的毛围巾，把脸给遮住了，当毛围巾滑落的时候你会很失望的（笑），因为完全不是你想象的那样。然后你就掉头走开，留下一个很失望的女孩子在那儿。

我们小的时候会看好多小说，比如老舍先生写过一个短篇小说叫《黑白李》，我们就是从那里边得到了恋爱宝典。故事特别简单，黑李和白李两个人是兄弟俩，白李是一个现代青年，爱捣乱，假装和他哥喜欢同一个女孩子。他哥还挺正经的，想把姑娘让给他。这里头的恋爱宝典是什么呢？这白李说他哥老想给这姑娘磕头，"这是错的，我得空就亲她一下。人家喜欢亲她的，不喜欢给她磕头的"。我觉得这特对。

(D) 有道理。那陈导您自己年轻的时候都怎么做？

(C) 我也是那四五个人里的一个。如果人家说你们这四五个人，我就喜欢个儿高的那个，说的是我，我就弄一大红脸。我的这些朋友就立即弃我而去，把我自己特尴尬地搁那儿，然后我也走了，就白闹了。那个时候其实男女界限特别地严，这就是一种娱乐，玩儿，真要是跟人家面对面的时候，就尿了。

(D) 对于和姑娘相处，您能给直男们哪些忠告以及建议？

(C) 其实我身边一些朋友，他们的孩子们渐渐长大了，我也看到一些现象，给过他们一些建议。他们跟我说："特苦恼，和女朋友吹了。"我说："你今儿犯了什么错误？你们俩吃饭去了吧？她是不是说 AA 制？""说了！特别诚恳！一点儿都不带掺假的，我不傻，我是为了满足她的这个愿望。"我说："你错了！不管她说得多诚恳都是假的，试你呢，明白吧？能付的时候你自己付吧，什么 AA 啊？！这是你犯的第一个错误。第二，你这女朋友比较丰满，你见着她说什么来着？""你最近好像又胖了。"见着女孩子一定要上下打量一下，如果你有心跟她拍拖，就是真想成男女朋友，你一定要说："哟，你怎么瘦了？"而且这个眼神里头，一定要混杂着担忧和欣赏。这个时候她心里边儿高兴，你得会说话。担忧是什么？"身体别弄坏了！"欣赏是什么？"好苗条啊！"这就是我对直男们泡妞、撩妹的一点儿具体建议。

而且我觉得，一定要编一点儿关于自己的故事，我们过去讲叫“痛说革命家史”，去打动女孩子。一个没故事的人，谁跟你？得有故事，哪怕你说几句瞎话，日后关系深入了再跟人说，我那全是骗你的。没问题，没毛病。

(D) 那泡到姑娘了，如何真正对一个姑娘好呢？

(C) 首先就是他们这个时代，由于计划生育政策，独生子女多，年轻人都比较独，小时候没有一个乐于跟人分享的习惯。所以我觉得先要做一点儿心理建设，先把你喜欢的姑娘当成你妹妹，什么事儿都要想着分享。比如说蛋糕，你一口我一口，咱们从小都是这么吃大的。这个建立起来之后，你就会觉得你自然地拥有了她，你自然觉得我该跟她分享。我也听说过 20 多岁刚结婚不久，因为占马桶这事儿打起来了说要离婚的，这就是没有分享的习惯，一定要注意。第二就是关切，关切不可能是实时的，关切的意思是精细。倘若说今天晚上你女朋友要加班，得 9 点才能出办公室，您能不能去一回？ 8 点 55 的时候，站在她公司门口，最好是寒风之夜，手里拿一条比较厚实的围巾。当她出现的时候，千万别说话！说话就破了气了，直接上去把这个围巾哗地围在她脖子上，之后再说话，甚至还不说话，你就会看到泪水在眼中转动的情节。这就叫毕其功于一役。你这么干一次她就觉得你对她真好，以后就可以稍微偷点儿懒了。但总之我觉得人跟人打交道，本来就是一个比情商的事。情商高你就占便宜，情商低你肯定吃亏，就是这么回事儿。

(D) 其实很多直男情商都比较低，对这些情商低的，您有什么建议吗？

(C) 学会关心别人，其实跟情商高低没有特别大的关系。尤其是我经历了这么多事儿以后，就深深地体会到为什么鲁迅先生说“人生得一知己足矣”。你有一个能够说得上话的人已经很开心了，别指望人人都跟你是哥们儿，不可能的。倘若有一个女孩子，就是回眸一笑，打动了你，就值得你为她做点儿什么。日后能不能成，结不结婚，那是另外一回事儿。你一闭眼就老记得她回头看你这一眼的情景，你就是一个幸福的直男，幸福的低情商直男。所以我觉得，珍惜某一个瞬间，让这个瞬间在你的生活里留的时间长一点儿。就这样。

(D) 高情商的人，会不会也还是希望大家都喜欢自己？这种东西是痛苦的，您什么时候开始学会克服这样的东西？大概在多大年纪？

(C) 大家都喜欢你，是可以做到的。可以通过心性来做到，就是这个人天生招人喜欢，就算倍儿混，但是你喜欢，这就没办法。男

跟姑娘说几句瞎话没毛病

人不坏女人不爱，就是这个道理。也有通过计划完成的。比如说，今儿有美女来，但是有一屋子的人，如何钓到鱼？那你就得坐在角落里，穿一件白衬衣在里边，稍微耀眼一点儿，可是在大多数的时间里一言不发，那是最容易引起女人注视的。心想这人怎么不说话，怎么别人都说话？但是你别铁青着脸，那不行，还以为是有毛病，得是很柔和的样子。其实我觉得，希望大家都喜欢自己，而事实上又得不到，并不能改变希望大家都喜欢你的心情，那就让它留着吧，这个是不用克服的一件事。

(D) 对您来说爱情到底意味着什么？

(C) 对这个事儿我其实挺明白的。一个女人，你想天天跟她在一起，这就是爱情，没有比这个更简单的。

(D) 那会不会现在天天想和她在一块儿，以后突然厌倦了？

(C) 这会是一个指标，而且这个东西我自己老琢磨，李商隐有时候写的诗怎么那么神秘主义？“来是空言去绝踪”，你要形容爱情，有的时候就是这句话，说来就来了，说没就没了。而且你得对自己采取诚实的态度，当你没有了天天想和她在一起的想法时，可能这个爱情真的到头了，你也得承认这个现实。但是我总是感觉到，比如说，如果你天天想跟她在一起的时间超过了五年，在你说“怎么没感觉了？”的时候，就不太容易。因为这五年，每一天的积累都在推动你继续想跟她在一起。男女朋友之间，在初识的时候通常都会下意识地把自己最好的一面拿出来。换句话说，爱情首先是由假象构成的，真相要留在结婚以后再看，这是没问题的。你还要念好，爱情里头有一味重要的作料叫念好，意思就是你要念这个人对你的好。如果很任性地说：“你怎么这样？”“你这干吗呢？”“跟谁说话呢？”“脾气怎么那么大？”这叫不念好。我觉得对感情还是要珍惜的。

(D) 会因为别人不喜欢你而难受痛苦吗？

(C) 小时候会。

(D) 多大的时候？ 30 岁？

(C) 到 30 岁的时候我觉得心智大致已经开了，我觉得最痛苦的还是少年时代，在 20 岁以前吧，可能你对你哥们儿特别好，但他没有给你一个相应回报的时候，你特难受。我举一个我小时候的例子。一伙儿人到了要下乡的时候，那个时候都是论伙儿的，都是团伙，其中有一个大伙谁都看不上的，谁都天天欺负他，张口就骂，举手就打的这种，当然也不是那种特别恶劣的欺负，总而言之

就是在这个群体中谁都看不上他。然后哥几个说要下乡一块儿走，从家里出来一推门他在外头站着呢，行李在旁边搁着，大伙就这么欺负他，他还要跟着大家走。然后这些朋友们就觉得自己太孙子了，过去怎么那么对待他？后来这些人对他特别好，平衡了。所以人年轻的时候，最容易害怕别人忽视自己，这是一个非常正常的心理。但我的建议就是，在别人忽视你的时候，你不要自卑，不要妄自菲薄，反而要觉得自己不错。人家重视你的时候，你也用不着高高在上，觉得自己怎么着。这个其实是年轻的朋友们都会遇到的事。

(D) 您觉得焦虑也是来源于这些吗？

(C) 焦虑的原因就更复杂了，焦虑是各种焦虑，不是单一的焦虑。比如想升职，比如想“扣女”（广东话找女朋友的意思），比如想讨好某人，人家又不回应你，比如感觉自己岁数见长，颇有一事无成的感慨之类的，这些东西都是可能发生的，发生在每一个人的身上。

(D) 您有没有这样的时候？

(C) 绝对有，我小时候也让人欺负，就是家里头“文革”出点事儿什么的，那时候会看出身贵贱。所以我自己也经历过某种程度上很自虐甚至是很自卑的瞬间，觉得咱们不如人家，人家家里没事，咱们家里头怎么这样呢？但是我觉得可以有一个特简单的方法去克服自己内心深处的不快、焦虑与自卑，就是上健身房。把自己练成一块儿一块儿的，当你练成了的时候，当然不需要绝对肌肉男的那个感觉，你会找到你的信心。你能改变你的身体，还不能改变你自己的心理吗？

(D) 找到一件所谓付出会有回报的事情很重要。

(C) 我其实在很多场合都说过，我在云南的工作是砍大树，我把这么粗一棵树砍断了，我觉得我特牛，我说：“你们谁来，谁跟我叫板？”谁也不行。体能这个东西，对男人来说会增加自信心。

(D) 那陈导，您在《少年凯歌》里描述过您年轻时毫无安全感的生活状态，这种状态对你后来的生活影响有多大？包括到现在？

(C) 这个东西，是隐性的，不是说我看见什么就害怕，那是落了病了，那倒没有。但是我直到今天，都害怕有人太大声地敲门，咣咣咣地敲门我受不了，这可能是唯一对我的影响。

(D) 您想做一些事的时候，做一些关键性决定的时候会有影响吗？

如果为了挣钱，我不会拍电影

(C) 我觉得这方面还好，我觉得我所度过的人生太戏剧性了。我小的时候在一个一穷二白的社会，有一辆自行车已经足以让一家人欣喜若狂，而到了今天高楼林立，谁家没一辆汽车？而且去饭馆吃个饭，那是随时的事，过去可能半年一年都没有这样的机会。那时候打补丁都能成为时尚，今天连Armani、Versace（范思哲）什么的都不是事了。这个变化太戏剧性，像做了一个梦似的。那么我就觉得在这个变化中间，过去一些消极的影响就渐渐地淡去。当然我并不是说现在是一个完美的环境，从生存环境的角度讲，比我少年时代变化得太多了。现在互联网这么发达，大家都使用各种各样的电子科技产品，但并不等于脑洞大开的时候要胜于我们那个年代。我们那时候是野孩子，没人管的时候想象力就丰富。现在社会相对地比较保守。所以回到这个问题，我觉得生存环境其实是有一些问题的，对我们来说是不容易的，特别是你要做一个公共产品，你要拍一部电影，你会面对各种各样的声音，也会有各种各样的困难。但是我想，人生不就这样吗？就这么回事儿。所以没有那种心绪上太过于云遮月的时候，还好。

(D) 您是内心很强大的人。可以这么说吗？

(C) 我觉着经历了那个年代，我们称之为“十年浩劫”，别的事就都能应付了。

(D) 正好是您青春期的时候吧。

(C) 真是，正好是我从13岁到23岁的这10年。

(D) 陈导您曾经为钱苦恼过吗？什么时候意识到我有钱，或者我开始不用再为钱做事情了？

(C) 我小的时候，或者说30岁以前吧，那是大家都没钱的时代。所以我觉得我和大家一样，没为钱焦虑、苦恼过。因为那时是国家体制，你在北影厂做一个职工，然后做一个导演，你去领你大学毕业的那56块钱工资，这是有保障的。物价这三四十年间涨了100倍。换句话说，那时候要按100倍算，我是挣5600，这还过得去，基本上就是这情况。那什么时候我觉得我有钱了呢？还是得回到这回力球鞋。当我意识到，我想买多少双就可以买多少双时，我就明白我有钱了。但是就跟张爱玲说的似的，这人太有钱不好，没有钱也不好。太有钱不兴奋，没有钱你买不了东西。我不可能买10双回力球鞋包围着我，但是我心里头告诉自己我能做到，如果我愿意的话没问题。然后走过这些饭馆，心里想：“能去吃吗？”“没问题！”这个也是很鼓舞人心的事儿。但要说到我有没有为钱而工作，我还真没有，人家说你这个肯定是没说实话，难道你不需要钱吗？我是需要钱，但是仅仅为钱去拍电影，不值，拍电影这事儿太辛苦了。如果光为了挣钱，那我不会选拍电影这个职业。得有另外一些附加值才让我觉得愿意付出这个辛苦，比如说我 6 年搭一影城，只用了 5 个月就归别人了，这个不会觉得冤。钱是一个无辜的物品，全看它在谁手上，这是我自己的看法。钱这东西你别理它，它找你；你理它，它不理你。

(D) 现在很多年轻人因为没钱不开心，您对这个有什么建议吗？

(C) 那我不能那么说。因为没钱的苦恼是很大的，它是特别具体的一件事儿，而且跟自己的内心是直接挂钩的。为什么他能有，我就没法有？比如 iPhoneX（苹果手机新款）他用上了，还跟我这儿显摆，我特想抽他，我也想有一个，也跟别人显摆去，但我确实买不了，这个问题就挺闹心。我的建议是别在意他跟你显摆什么，你要比他强大。别在意你有没有 iPhoneX，不用 iPhoneX 你也能拿到手机端的全部资讯。当你认定你不需要它的时候，你获得的是快乐，失去的是焦虑。马克思教导我们，无产者最终获得的是世界，失去的是锁链。

(D) 您内心是个诗人嘛！

(C) 我不敢说，说我内心是一个诗人，基本等于说我是一傻瓜（大笑）。但是我为什么对大唐有这样的敬仰？

(D) 是因为诗歌？

(C) 因为自由的空气。白居易写《长恨歌》，那是写皇上他们家的事，在其他的朝代是不能写的。白居易直接点名“杨家有女初长成”，其实皇上心里都明白，写我曾祖父干吗？你不知道什么叫“为圣者讳”吗？把我们家这点儿事给抖出来？但最后白居易 70 多岁去世的时候，唐宣宗还写诗悼念他，主动地提到小孩儿都能唱他的《长恨歌》，胡人都能说他的《琵琶行》，是很赞扬的态度，所以气氛上很宽松。

(D) 很自信。

(C) 很自信的。我喜欢用一个我们自己诗人的视角去观察整个大唐，认识大唐到底是个什么样儿，这也是我自己多年来的夙愿。
我觉得唐诗最大的特点就是奇幻与现实混杂在一起。我们中国诗歌的传统就是与自然紧密相关，有很多写景的东西，这些景象都不是光用眼睛能看到的自然，它包含了很多的想象因素。它天上、地下的那种神来之笔，都非常地神奇。
你看看李白的《蜀道难》《将进酒》，什么叫“高堂明镜悲白发，朝如青丝暮成雪”？他基本把一生压缩成了一瞬间，我好像看见自己从满头青丝到现在成了白发老叟，非常神奇。

盛世才容易产生神奇感，在一个特苦难的岁月不太会有这种想象力。我们所说的思维跳跃能力，像李白写诗，“欲上青天揽明月”，这都是狂言，我觉得这是我有点儿崇敬大唐的原因。

(D) 我想起您20年前拍的《荆轲刺秦王》，同样都是复制了一个城，同样都是一个可能被遗忘的、蒙尘的历史，同样是一个很宏大的世界观和叙事的方式。您觉得这20年来，您在做的事有什么不一样吗？

(C) 其实说老实话，心性没变。

为什么刚才咱们大伙聊天的时候那么开心？从年龄上讲你们比我小太多了，但是就是这少年意气，我觉得你们写这些东西，做这个品牌，也都是少年意气，我自己就觉得跟你们聊天特别有亲切感。

一直鼓舞我自己去做电影的就是胸襟中的浩然气。

我小的时候，读司马迁的《史记》，对他佩服得五体投地。人家评论司马迁说他最初游历名山大川，他是吐气如虹的人，他把所谓天地浩然之气都灌注到自己的身体里头，然后吐而成书，尽管个人经历了那么大的灾难，但终于还是写出了《史记》。

另外司马迁的两句话，对我始终有强烈的影响：“虽不能至，心向往之。”其实电影就是去实现生活中的“虽不能至”，因为我们扁平的现实生活和存在于诗歌、电影中那样的宏伟可能是不相容的。这就是在现实生活中我们说“虽不能至”，但是在电影中可以“心向往之”。

如何面对人生

(D)“虽不能至，心向往之”是不是也能套用在现在30岁年轻人身上？

(C) 一定能的。我觉得快乐是要抖掉自己身上的种种包袱。我觉得我们很多年轻朋友如果包袱多就没有机会去享受我们身边的一切。连宋徽宗这样的人都会说，春明景和就是好日子。

像我小的时候也鼓舞自己说，狄德罗说你身边有水、有空气、有鲜花的盛放，你还要什么？当然一定会有很多人不赞同我的说法，这个也没有关系，但是最本源的那个快乐到底在哪里？到底是什么？让我们对自己的梦想心向往之，一直心向往之，我觉得这就挺好的。

(D) 这是您从很小的时候就知道的道理吗？

(C) 其实我觉得我这些想法主要是从阅读的快乐里得来的，念书这件事特别要紧。读书

跟吃东西是一样的，消化的过程你是看不见的。如果吃东西的时候能看到胃是怎么蠕动的就太恐怖了，不用看见只要能消化掉就行。我自己觉得直男们应该允许自己有一点儿自我忧伤的时刻，让自己成为稍微多情一点儿的人是一种快乐。因为所有的快乐其实都和痛苦有关，它不可能是单独存在的，让自己痛一下，然后让自己快乐一下。

(D) 这个讲得真的很好。陈导您给我们的用户也推荐几本书吧？您觉得对您影响比较大的。

(C) 说到具体的书，我挺喜欢曾经长期旅居纽约、后来在故乡故去的木心先生，他的《文学回忆录》上下两册，我觉得可以当闲书翻，也可以成为创作者的经典。直男们应该看看这本书，哪怕在上床以后看个 5 分钟都行，都是小段落。

另外我也特别建议大家有机会能够翻翻《唐诗三百首》，我把这些诗看成是你感冒的时候给你打一支青霉素，它有的时候会化解你的不快。唐诗是很柔情的，这个也是好的。

再有就是刚才我说到的司马迁的《史记》，中间的若干篇，比如《帝王本纪》里的，其实用的是特别宏观的视角，但是又写得那么美。说“人固有一死，或重于泰山，或轻于鸿毛”。他能够做这样的比喻，这个好厉害。

还有一本英文书叫 *Outliers: The Story of Success*（《异类：不一样的成功启示录》），也很有趣，可能也会使直男们增加信心。它提到一个人的职业生涯需要一万个小时的训练，我看了也觉得特别好。有很多很多的具体例子，比如加拿大的小孩儿学习冰球，队里全部都是 1、2 月份生的，其实没有刻意要这样，为什么没有 8、9 月份生的？因为 1、2 月份出生的小孩儿比后边的多了半年的训练时间，他们就成了。

还有我们所说的 IT（互联网技术）大咖们，比尔·盖茨（Bill Gates）这一拨儿，全部都是 1951 年到 1955 年出生的，书里也给了一个特别有趣的解释，说 1975 年可以看作是个人电脑元年，这个时候他们差不多就是正要考大学，前边的人已经上了大学专业不好改了，但是他们刚好赶上那一拨儿。

其实年轻的朋友都要看到自己和时代之间的对应关系，在规划自己人生的时候，都要考虑到时代的因素。

(D) 所谓的顺势而为？

(C) 顺势而为。但是艰苦努力是必需的，比如说像比尔·盖茨，在我刚才说的这本书里头讲到，他妈说他从来早上都不起床，他后来跟他妈说：“你知道我几点才回来？早上 5

点。”所以我觉得机遇加上时代的条件和个人的努力，这个很重要。

(D) 因为您这个成长经历比较特殊，年轻的时候有没有什么后悔的事情？如果你能回去的话，是不是可以做得更好？或者因为当时的一些想法，你现在想起来可能浪费了一些时间，或者做错了一些事情？

(C) 其实我对我父亲一直特别愧疚，在我自己的《少年凯歌》里头做过很深刻的反省，至今对我来说都是一件特扎心的事。我父亲很早就去世了，就是因为当时代要求你去做一件事情的时候，你没有拿出你自己个人的判断力，到底应该拒绝还是接受。风潮一起，像我父亲他们那种当年的电影导演肯定首当其冲遇到问题。如果我仅仅把我的身份定义为一个儿子的话，应该极力地维护我父亲，但是我受到了那个时代的影响。后来所有的朋友长辈都宽慰我说：“第一，你没对你父亲做过什么太出格的事，只不过开斗争会的时候你推了他一下；第二，你才只是个14岁的孩子。”我说这都不是理由，只有你面对自己内心的时候才知道当时真正在想什么，其实就是自私嘛，就是害怕人家说你不够积极等，这是我一辈子特别后悔的一件事。愿意诚恳、真心地面对自己，将来你才有机会真心地面对别人。

(D) 你现在也当父亲了，孩子也慢慢成长起来了，您在这个过程当中的心态会有些什么变化？会不会更理解父亲一些？

(C) 我其实对两个孩子的要求特别严格。我不会虚情假意地说咱是朋友（大笑），成不了朋友，你就是他爸，你就得管他，该说的就得说。但是我觉得大人容易犯的错是，因为自己长大了，所以就拿大人的标准去要求孩子，这特别混蛋。你小时候是什么样儿全都忘了？我觉得这是成人世界特别残忍的一件事儿。我是始终站在小孩儿这边的，我觉得他们的想法天然有理，这是特别重要的一点。因此我唯一能教给他们的是，万事不要太在意，去享受你能够得到的，去争取你没有得到的，放弃你不该得到的，我觉得这样就可以了。

(D) 好的，我今天这边的问题问得差不多了。

(C) 非常好，我非常开心。

(D) 谢谢陈导。

(C) 那我谢谢你们。因为咱们这个完全不像是那个官样儿的。

(D) 不像行活儿。

(C) 咱像是一伙儿的。

对父亲，我一直特别愧疚

Part 2 Basic

基本款⇔可延展的才是最好的

SUIT: BUY THE AFFORDABLE BEST
正装：在能力范围内买最好的

一套考究的正装不仅是约会利器，更是你升职加薪的必备条件。但是大部分人第一次买正装效果都不好，最大的问题在于不合身。所以只要条件允许，男人的第一套正装必须定制。更何况量身定制的价格门槛，并没有你想象的那么高。

一套考究的正装不仅是约会利器，更是你升职加薪的必备条件。

但是，当你穿上花5000块血汗钱买的正装去见姑娘时，姑娘很可能只是轻蔑地瞟你一眼：“不好意思，大兄弟，我不买房。”

别伤心，其实大部分人第一次买正装的效果都不好，最大的问题在于不合身。不合身的原因很简单：几乎所有人第一次买正装都会去商场买成衣，这时候店员就会满心欢喜地过来忽悠你，一般只有两个套路：

“这套西装是韩版的，特别适合你，穿上特别修身！”

“这套是正装，正装就是肥肥大大的，显得你特别成熟稳重。”

这种话千万别信！就算你长得再玉树临风，正装不合适也一样变成老干部。只要你买成衣，就不可能完全合身。商场里的成衣都是流水线生产的，尺码一般也只有5—7种，板型设计也都以一种身材为参考，所以各位直接买成衣还合身的概率基本为零。

而且，为了降低退换货概率，成衣一般会把很多地方做得偏大偏长，更加大了各种尺寸上的误差，看上去肩合适的可能袖子就偏长，袖子合适可能腰就肥了。正装合身的标准，大概有这么3点：

01 扣子扣起来整体不能有拉扯的褶皱；

02 袖子应该刚好到手腕，保证衬衫袖子露出1cm；

03 裤脚要刚好接触鞋面。

定制就可以完美地解决合身这件事，所有尺寸全都按照你的身材来调整，每个细节都是严丝合缝。只要条件允许，男人的第一套正装必须定制。

很多人认为量身定制会比较贵，其实定制正装也有很多价位。便宜的可能几百块钱就可以做一身，贵的像英国萨维尔街（Savile Row）的百年老店，定制一套下来要几万甚至十几万。十几万一套衣服，简直是把一辆车穿身上了。

事实上，一套好正装不需要这么贵。排除掉品牌溢价以及服务水平，正装最大的差距就在面料选择以及各种小细节的打磨上。定制正装时的面料选择和要注意的细节有如下方面。

First· 面料 (SHELL FABRIC)

面料是一件正装的重中之重。很多明明看上去样子差不多的正装，有些人穿得像年薪 500 万，有些人穿得像是二手房小哥，这其中最大的差别，就是面料。好的面料穿在身上显得坚挺有质感，在保存的时候也不容易变形。

判定面料的品质并不复杂，主要有 3 点很简单的标准：成分、支数和品牌。

面料的成分必须是纯天然的，如果你在成分表里发现了人造成分，比如：化纤、尼龙，这种面料就不要考虑了。人造成分会让面料看起来很廉价，闪亮得像片黑色垃圾袋，二手房小哥总能被一眼认出来就是这个原因。

天然面料也有很多种，羊毛是比较常见也比较基础的，当然价格也比较合适。更好更贵的还有 Merino Wool（美利奴羊毛）、Mohair（马海毛）、Cashmere（山羊绒）、Pashimina（波斯文"羊毛"的意思）以及可爱的 Vicuna（羊驼毛）和 Guanaco（原驼毛）等。大部分人都会认为 100% 的羊毛最贵，其实并不是。混纺了丝、麻这类天然面料的羊毛面料更贵。

除了这些比较传统的面料，还有一种比较与众不同的面料是 Harris Tweed（哈里斯粗花呢）。Harris Tweed 是一种统称，特指产自苏格兰外赫布里底群岛、印有"球与马耳他十字架"Logo（标志）的面料。据苏格兰政府规定，Harris Tweed 必须产自外赫布里底群岛，而且必须由岛民在家中完成全部生产工序，以严格把控品质。

每家岛民最多只能有三台纺车，必须完全人力制作，所有的染色也都要求用天然染料，所以 Harris Tweed 的面料还是非常环保的。

除了面料成分，"支数"也是判定羊毛面料的一个重要标准，一般用字母"s"来表示。支数的算法比较不好理解，对于男士们来说，只要记得支数越高纱线越细，面料也就越柔软顺滑即可。

一般来说，100 支以上的面料就可以满足大部分直男出席各种场合的需求了。支数越高价格越贵，品质也越好，但是一味地追求高支数也没什么意义。支数高的面料不光价格有点不友好，耐用度也比较低，还得费心去打理。

据说查尔斯王子都穿 140s 以上的面料，不过人家是皇室贵族，出门脱衣服都有"人肉衣架"，衣服也不用自己打理，不同于普通老百姓。

虽然支数是个很重要的标准，不过也有特例，比如 Harris Tweed 由于工艺特殊，所以支数一般不超过 40，但是也没有人拿支数当作衡量 Harris Tweed 好坏的标准。还有些品牌比如 Ermenegildo Zegna（杰尼亚），不会标出支数。他们认为仅靠品牌就足够撑场子，支数这种标准根本不重要。

就算同样支数的面料也会有些差异，这主要体现在羊毛本身的品质以及加工的工艺上，要区分这个差异最直观的就是面料品牌。

一般人对面料品牌没概念，但这个真的很重要。各位选购正装的时候需要格外注意，好的面料品牌一般会把自己的 Logo 印在正装内侧。

目前市面上比较出名的面料品牌，以 Holland & Sherry（贺兰德 & 谢瑞）、Dormeuil（多美）、Zegna、Loro Piana（诺悠翩雅）、Cerruti 1881（切瑞蒂 1881）、VBC（维达莱）、REDA（睿达）为主。像 Dormeuil、Zegna、Loro Piana 都属于价格比较高的面料，一般的西装定制店用这样的面料做一套正装基本都要在 3 万人民币以上。像 Vitale Barberis Canonico（简称 VBC）、REDA 这类，都是性价比较高的面料品牌。很多大牌的成衣都是用的这两种面料，价格大概是几百块钱一米。

面料是正装最重要的部分，只要搞明白这 3 点就可以挑到品质和性价比都比较高的面料了。

Second 细节（DETAILS）

是不是挑好面料就能买到一套好的正装？
也还不够，对于一套正装来说，面料确实是最重要也是最基础的，但是除了面料以外，判定一件正装是不是高品质，还有下面3个细节。

1 ———— 扣子

细节差异中比较容易分辨的就是扣子，正装扣子材质有很多种，牛角扣、贝壳扣使用得比较多而且品质也比较高。也有一些正装会因为设计需要使用金属扣，一颗高质量的扣子就要几十甚至上百人民币。
虽然扣子种类很多，但是好正装的扣子一定都是天然材质，类似塑料、树脂这种人造材料的扣子就只能出现在“299江浙沪包邮”的正装上。

2 ———— 剪裁

除了扣子的材质，还有很多剪裁上的细节。比如衣领部分，好的正装衣领是自然翻折而不是被直接烫死的。这样会有一个自然弧度，显得非常和谐。
除了衣领，正装的袖口也应该是斜裁的，也就是你把袖子放平，袖口应该不是完全齐平的。因为如果是平裁的话，当手臂抬起的时候会露出过多的衬衣袖口。同样斜裁的还有正装前胸的口袋，这样穿在人身上的时候，口袋才会平整地贴在胸前。
其实正装裤子的裤脚也不是平的，由于鞋子的前端比后端高，为了保证裤子前后都能够刚好盖到鞋面，裤脚也要前短后长。
很多人可能从来没注意过，原来这么多地方都不是齐平的。

3 ———— 插花孔

大部分正装在领子上还会有个小孔，叫作插花孔。这是个很好理解的东西，因为它真的是用来插花的，当男士们需要出席比较正式的场合，它就派上用场了。
别看只是个小孔，很多廉价正装却连孔都不开，只是用机器缝了一圈假装孔眼。但是好正装在这个小孔上会坚持用手工缝制。
除了这几点，还有很多售货员非常喜欢说正装的“对格”，经常会表现得好像这是多高级的技术。所谓对格，就是在面料拼接的地方把条纹或格纹整齐地对在一起。实际上大部分正装都是对格的。

第一次挑正装只要知道这些面料和细节的知识，就不会出错。此外，大部分人买第一件西装都会挑单排扣，看起来很保险，但难免显得缺少一些特点。所以，尝试一下双排扣正装挺好。
乔治·阿玛尼（Giorgio Armani）说过：“双排扣西装基本上就是权力的表达。”双排扣西装穿起来比单排扣更显身材也更有气质。所以，富有个性的男士不妨尝试一下双排扣。
如果要选择双排扣，一定要挑一些比较不一样的颜色和花纹，不但平时出门可以穿，出席活动也能秒成亮点。
有些闷骚型的朋友可能担心花纹露在外面会显得不稳重，没关系，也有方法让你既稳重又能耍出点自己的小风格。例如，挑一款色彩或者图案花哨的里布（撩开衣服里面的布料），然后假装不经意地挽个袖子或者插个兜，让里布露出来，使路过的姑娘们一眼就能看到骚气的你。
怎么去挑选性价比高而且适合自己的正装？答案是：男人应该在自己能力范围之内买最好的。

275

BLAZER:
CONSERVATIVE BUT ALSO REBELLIOUS
休闲西装：又懂事，又反派

Blazer 是诞生于 1837 年的英国外套，源于当年英女王进行的一次阅兵，战舰“HMS Blazer”舰长特意让全舰官兵穿上一种两排金属扣的海军蓝色外套接受检阅，深得上意。

如果问什么衣服能让中国男士在春夏之交来个 100% 通行无碍的衔接，答案一定是 Blazer。

Blazer 是诞生于 1837 年的英国外套，源于当年英女王进行的一次阅兵，战舰“HMS Blazer”舰长特意让全舰官兵穿上一种两排金属扣的海军蓝色外套接受检阅，深得上意。从此，Blazer 成了“懂事”的象征，更是被“懂事”的英国皇家海军采用，成为标准制服之一。

19 世纪的传统 Blazer 必须采用海军蓝 (navy blue) 的面料，双排 4 扣戗驳头或单排 3 扣平驳头都是传统的配置，胸口一定有贴兜，袖口为金色或银色铜扣。

不过，Blazer 真正流行起来还得等到 20 世纪初。随着“一战”的爆发，联合王国人民爱国情绪空前高涨，争当拥军模范的他们，直接把象征帝国荣耀的海军制服穿在了身上。

作为皇室眼中象征忠诚的外套，Blazer 同样也成为英国皇室最会穿衣的直男温莎公爵的重要收藏。后继皇室成员查尔斯王子也把 Blazer 当作自己和英国军民打成一片的重要桥梁。尽管女王今年已经满了 92 岁还依然硬朗，但查尔斯还是用一件 Blazer 证明了自己的“政治正确”。“皇三代”威廉王子更是会在公共场合穿最正统的 Blazer，力争要把“懂事”的艺术在皇室之中传承下去。

不过在大西洋的另一端，20 世纪的美国上层阶级则把 Blazer 看作身份的象征。出身肯尼迪家族的美国前总统约翰 · F. 肯尼迪（John F. Kennedy）就曾把这种衣服作为自己身份的证明。而“一切从实际出发”的美国人还在原来的基础上发展出各种场合都能适应的正装外套。

在纯色 Blazer 的基础上，老美们把条纹 Blazer 发扬光大，证明自己在英国人面前更胜一筹。

现在，Blazer 已经演变成所有单件正装外套的代名词，不再是最初的定义。

很多人所说的 Sport Coat（运动外套）与 Blazer 并无非常明确的界限，在国外网站上，搜索 Sport Coat 也能找到同类型外套。

对每个直男来说，Blazer 看似简单，实际上在色彩搭配上却有所差别。

ZIP

纯色
-
Blazer

作为一件“懂事”的外套，Blazer 最大的特点就是介于正式和非正式之间。平驳领的设计显得脖子更长，使得气场十足。一件纯色 Blazer 在阳光明媚的春天，搭配一条鲜艳的 Chinos（斜纹棉布裤），上下班都能这么穿，还挺提气。

不过，选择 Chinos 时一定要注意合身，以坐下不会有撕扯感为标准。在长度上，坐下时露出脚踝或者一条骚气的长袜都是合适的，但是一半袜子加一半腿毛的话还是算了。

穿着基本款的 Blazer 和水洗牛仔裤，再内搭一件白 T 恤，就会很好看，并不需要追求复杂的设计；不怕挨揍的男士，可以再穿上一条 Chino Shorts（斜纹棉布短裤），不但可以将腿部线条拉长，更可以在理工院校的“罗汉局”聚会中，带走唯一一个姑娘。

光在裤子上玩花样还不够，在款式上下点功夫才更高级。

选择双排扣的经典款式会让整个人显得更加稳重，走在人群中，瞬间让穿单排扣的小哥们明白，谁才是真正的 Boss（老板）。Blazer 的颜色不宜太鲜艳，但是可以在其他方面下功夫，温莎领的条纹衬衫搭配一条鲜艳的红领带，下一秒就能助你谈下几个亿的大生意。你也能在裤子上玩点儿花样，一条破洞小脚牛仔裤就能很好地中和双排扣的老成。

要是你以为 Blazer 就这么点儿花样，那可就太小瞧这件天生自带“懂事”属性的基本款外套了。

作为一件“懂事”的外套，Blazer 最大的特点就是介于正式和非正式之间。Blazer 的颜色不宜太鲜艳，但是可以在其他方面下功夫，温莎领的条纹衬衫搭配一条鲜艳的红领带，下一秒就能助你谈下几个亿的大生意。你也能在裤子上玩点儿花样，一条破洞小脚牛仔裤就能很好地中和双排扣的老成。

花纹
–
Blazer

相比纯色外套，花纹外套不会显得那么沉闷，无论条纹、方格还是碎花，都能让身穿 Blazer 的你闯出一片天地。

最常见的条纹外套就自带修饰身材的作用，遵循上浅下深的颜色搭配法则，可以显得腿更长。如果觉得衬衫领带太过隆重，换一件白 T 恤就可以。千万不要内外都花，这种穿衣方式等于直接告诉姑娘你这个人很招摇。条纹 Blazer 自然也有双排扣款式，不过搭配时在色彩和下装的选择上一定要慎重。

除了条纹，格纹 Blazer 也是常见的款式。

由于格纹本身就会给人一种庄重的感觉，所以双排扣的格纹 Blazer 非常适合在正式场合穿着。黑、蓝、灰是最好的选择，在鸭舌帽、玳瑁纹眼镜、亮棕色小羊皮手套的点缀下，能显得十分精致。但是在真正会穿的神仙们手中，任何一款衣服都可以穿出想要的感觉。比如，墨绿色的双排扣 Blazer 和粉色的领带、袜子搭在一块儿，能带来一次恒星级的色彩冲撞，整个人都会鲜艳起来。

单排扣格纹 Blazer 相对少见，却是老派绅士和数学教授的最爱。配合天蓝色的牛津纺衬衫和卡其裤，即使头发半白，也依旧是常春藤学校里的那个 Preppy Look（学院风）少年。

所以，作为一个懂事的直男，请穿上 Blazer 吧。

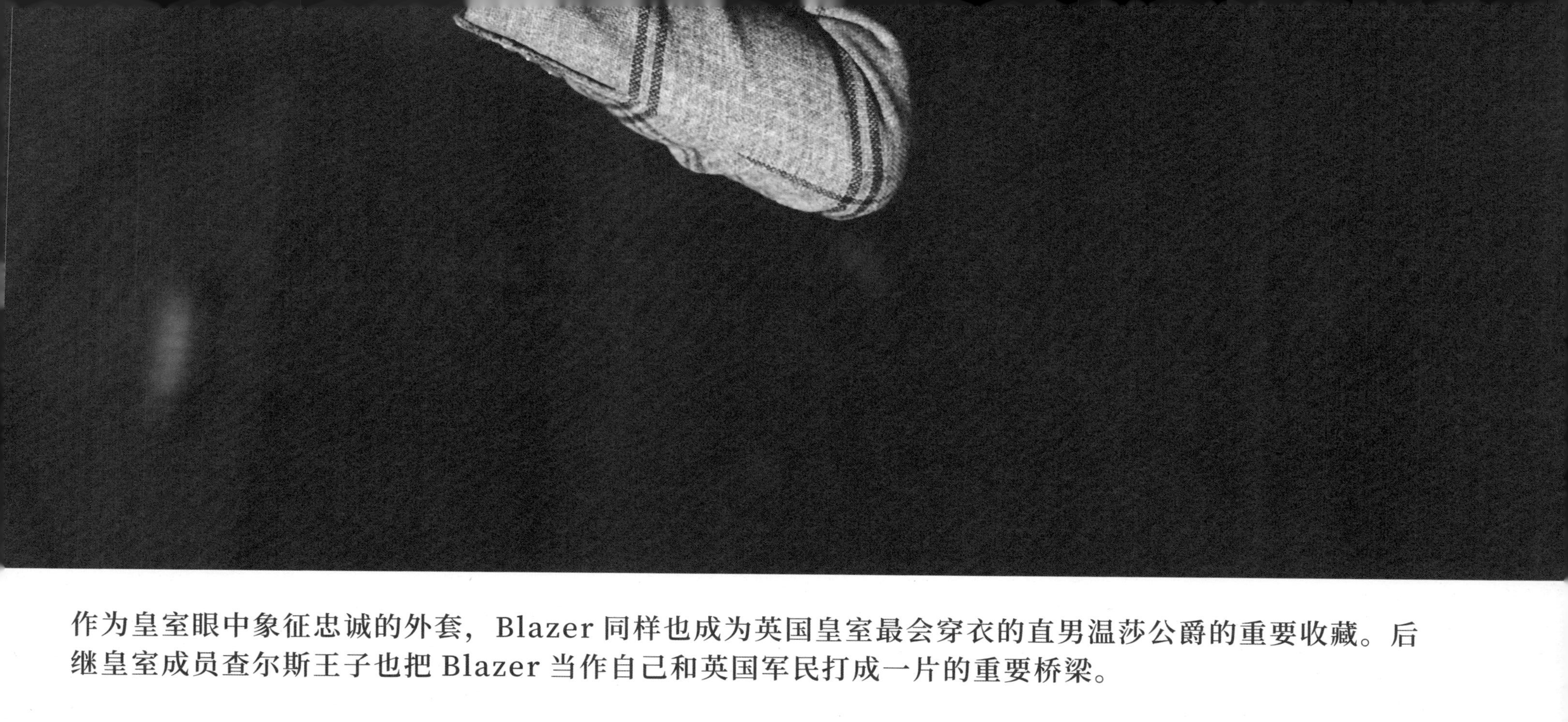

作为皇室眼中象征忠诚的外套，Blazer 同样也成为英国皇室最会穿衣的直男温莎公爵的重要收藏。后继皇室成员查尔斯王子也把 Blazer 当作自己和英国军民打成一片的重要桥梁。

SHIRT: SHOW RESPECT TO YOURSELF
衬衫：胡乱穿上身，是对自己最大的不尊重

无论是一年穿一次还是每天都穿，衬衫都在塑造你的个人风格，是整体衣着风格的基石。在脖子和袖口悄悄露出的领子和袖扣，都标志着主人的品位，而且又要贴身穿着，所以选择一款适合自己的衬衫非常重要。

如果你没有衬衫，那么对不起，这说明你是一个没有严肃社交的人。

应当牢记一点，男人着装中的庄重和严肃，不体现在其他任何着装元素上，只体现在有没有领子上。

无论是一年穿一次还是每天都穿，衬衫都在塑造你的个人风格，是整体衣着风格的基石。在脖子和袖口悄悄露出的领子和袖扣，都标志着主人的品位，而且又要贴身穿着，所以选择一款适合自己的衬衫非常重要。

一件基本款衬衫应当满足以下 3 个基本要求：

01 款式正确 剪裁合体，这样才能保证能够完美地穿进外套，塑造出内外细节，领子和袖子的款式应当能够满足大部分场合的穿着需要。

02 面料舒适 因为要贴身穿着，所以面料决定了衬衫穿着的舒适程度，选择你能接受价格内的最优质面料准没错，毕竟是对自己的皮肤负责。

03 颜色合群 颜色尽量做到与周围人的穿着颜色相似，不要太跳，例如在银行工作就尽量选择白衬衫，在互联网创业公司的话，那是红橙黄绿随便穿，反正你们总要颠覆世界，也不差这一条。

作为基本款，以下几件衬衫是每个男人衣橱当中的必备品。

First 正装衬衫 (Dress Shirt)

在穿正装的时候，衬衫是必不可少的内搭，这类一般搭配正装穿着的衬衫也有一个专有名称，叫作 Dress Shirt。建议每个男生储备至少一件基本款式的正装衬衫，用于内搭正装套装，以便在出席正式场合时不至于显得太邋遢。

正装衬衫要从以下几个方面去挑选。

1 ——— 剪裁

一般分为 Slim（修身）、Classic（经典）、Full（宽松）等几种剪裁。其中 Slim 更贴合身形，腰部较瘦；Classic 剪裁较为宽松，但是不同品牌之间的差异较大；Full 腰部更宽松、下摆更长，适合更高更胖的人穿着。应当按照自己的身形选择，如果能够选择 Slim 最佳。

可以通过以下几个关键点验证衬衫是否合身。

系好最上面的纽扣后，领子和脖子间空隙应可以容纳下一个手指；转动脖子时领子不能跟着一起转动，不能过紧，更不能过松，不然领口会露出骄傲的胸毛。

穿好衬衫并且将下摆扎进裤子之后，腰带上面的部分要平整，不能有堆积的痕迹；扎进裤子的部分也不能将裤子撑起来，同样要平整。

袖子需要大小长短合适，系好袖扣之后，弯曲手臂不会紧绷，并且不能形成堆积，否则就是买肥了。袖子的长度应当正好到达虎口的位置，穿上正装，双手自然下垂时衬衫袖口应当稍微超出外套袖口 1cm 左右。

2 ———— 领型

领型是衬衫首先给人留下印象的地方，需要好好选择适合自己的。如果细分的话领型可以有几十种之多，要说三天三夜，本着随随便便的精神，我们可以粗略列举三种常见的领型：Straight（尖角领，经典领）、Spread（敞角领，温莎领）和 Button Down（纽扣领），较为推荐的基本款正装衬衫的领型有两种——尖角领和敞角领。

尖角领是百搭款式，无论是系任何款式的领带、领结，还是敞开穿，都不会犯错误，是基本的百搭款。同时强烈建议脸较圆和脖子比较短的男士选择尖角领，因为可以拉长面部的比例，显得脸部比较修长。

尖角领也是最正式的一种领型，可以覆盖任何场合，无论你是 The President（总裁），还是 The Godfather（教父），都没有任何问题。

敞角领的形式感较强，能够很好地表现领带的质感，有一种浓浓的不列颠风情。建议脸较瘦和脖子比较长的同志选择敞角领，让自己面部和脖子所占的比例看起来小一些，也让你产自韩国的锥子脸不会一低头“扎死”自己。领带的细节在敞角领下纤毫毕现，前提是你得有一条好领带。

3 ———— 袖型

袖型也是一个需要注意的细节，常见基本袖型分为 Standard（标准）和 French（法式），Standard 是指袖子自带纽扣扣合，一般有一至多粒不等，纽扣越多越正式。

当然最正式最传统的还是 French，是指袖子有专门的袖扣扣合。这两种袖型并没有绝对的高下之分，只是 French Cuffs（法式袖口）可以反

复做整理袖口的动作，尤其是不经意露出贵金属，戴好镶有几克拉钻的袖扣，不断地强调：哥真是太有钱了。

只要遵循了需要注意的事项，买件白色的正装衬衫，再穿上正儿八经的正装，细节一定非常好看。如果把衬衫的扣子解开两颗，袖子全部撸起来，配上松松垮垮的 Chinos，然后在 Winter is coming（凛冬将至）的时节去当一个守夜人跟异鬼作战，也很好。

Second 牛津衬衫 (Oxford Shirt)

Oxford Shirt 的概念经常被人跟领型中的 Button Down 搞混，其实两者并不是一个维度上的概念，就好像我在问："男生需要的基本款的鞋子有哪些？"

Oxford Shoes（牛津鞋）和 Brogue Shoes（布洛克鞋）一样：一个是指鞋面的接驳方式，一个是指鞋面的雕花图案，所以完全可以对一双既有雕花图案又是三接头的皮鞋大喊一声："Brogue Oxford Shoes！"它应该会回头。

同理，Oxford Shirt 指的是英国牛津大学的学生为了对抗浮华的衣着之风——说白了就是因为穷——专门研发的一种由牛津纺面料制成的衬衫；而 Button Down，指的是领尖有两颗扣子，是美国某 B 字头品牌发明的领子款式。所以，某款衬衫是 Button Down Oxford Shirt（纽扣领牛津衬衫）。

Oxford Shirt 从诞生起就是为学生们设计的，所以使用场合更偏重生活和校园，简简单单地穿起来就显得青春逼人。

Third 牛仔衬衫 (Denim Shirt)

牛仔布做成的衬衫，在本质上与牛津衬衫没有什么区别，只是面料不同，穿起来更加放荡不羁，所以不建议在任何稍微严肃的场合穿着。例如参加线下相亲聚会，可以穿一件非常有特点的牛津衬衫来表现你的个性，但是穿牛仔衬衫就会显得有点失礼。因为在很多人眼中，穿牛仔上衣的人都是这样的：带着大文身，骑着大马大摩托。当然不是说牛仔衬衫不好，而是因为牛仔衬衫是一种风格化的服装，只适合表现你心里的那点小情绪，并不够严肃。

如果穿上一条迷彩裤，再戴个毛线帽，明显就是在各种音乐节的金属舞台前疯狂 POGO（随着音乐蹦来蹦去）、被撞断几根肋骨紧急送医的小青年。通常不建议上下都穿牛仔，除非真的嫌自己腿太长，牛仔的面料显得很沉重，上半身的视觉重量会被放大，重心下沉，不利于拉高腰线。

除非要走正儿八经的美式工装造型路线。衬衫扎进裤子，配上皮背带和鸭舌帽，中午出来吃个饭马上就要回工厂开工，下午还得维修三台拖拉机。对于真正的艺术家来说，衣服不破，身上没有点颜料点子是不行的。

补丁，必须有补丁，没有补丁怎么能叫牛仔。

当然，如果喜欢牛仔衬衫又不想太风格化，也有比较随意的穿法。不要系纽扣配 T 恤、Chinos 和 Chucks（帆布鞋），就没有那么强势。配白色 T 恤，不系纽扣，和朋友出行时，甚至还会被人叫一声说："这人好'娘'。"系好最上面的纽扣，打上领带或者领结，居然还能穿出一点正经的感觉。配上毛衫，居然还有点书卷气了。

牛仔衬衫甚至还能配上 Blazer 穿，只不过不建议平凡人尝试，牛仔衬衫配白 T 恤才是男士们的终极归宿。

Fourth 其他衬衫 (Other)

男士们应当尤其注意格子衬衫（Plaid Shirt），为什么老说格子衬衫穿起来土？是因为格子衬衫的纹样本身是一种模仿苏格兰呢料的复古纹样，所以非常容易穿得像种土豆的。如果实在是喜

欢格子，也尽量不要去选择多种颜色混合的传统格子，尽量选择同一色系、大小匀称的深浅色格子，不容易出错。

波点衬衫是鲍勃·迪伦（Bob Dylan）1966年验证过的单品，也作为备选方案，只是尽量不要选择太小太密的波点，容易引发观者的密集恐惧症。

还有近年火热的印花衬衫，把小动物、小花小草、迷彩图案大面积地印刷在衬衫面料上，属于比较花哨的款式，适用的场合和人群极其有限，极其挑人，并不推荐作为基本款购买，但是，一旦穿好就会骚得飞到天上去，羽化登仙。

当然，作为基本款，我还是建议穿纯色衬衫，可以降低你的挨揍概率。

Fifth T恤（T-Shirt）

T-Shirt是去掉领子和袖子的Shirt，也勉强算衬衫的一种。之前提到过，男装是否正式只取决于是否有领子，既然去掉了领子，那么自然毫无正式感可言。而且T恤的板型基本固定，区别多在图案、颜色、领型上。

①

不要穿带大Logo的T恤，
容易让人感觉你还没长大；

②

不要穿深深的V领T恤，肚脐会露；

③

不要穿印着有意义的文字的T恤，
比如“酷”“Fashion”（时尚）、
“Sport”（运动）之类的；

④

不要穿印有“迷之文字”的T恤，
比如日文、法文等；

⑤

尽量穿纯色无图案的T恤，
黑色和白色为佳。

再补充一点，就是日常男士经常纠结的问题：衬衫尤其是白衬衫会有点儿透明，那里面该穿什么？

严谨来说要分场合看，最好不穿。如果要穿的话，建议在里面穿一件灰色的棉质小V领T恤，这样可以吸汗，灰色又比较贴近肤色，可以在解开领口时保证不容易被人看出来，白色也可以，但是一切的前提是不要被人从外面看见。

应当牢记一点，男人着装中的庄重和严肃，不体现在其他任何着装元素上，只体现在有没有领子上。领型是衬衫首先给人留下印象的地方，需要好好选择适合自己的。如果细分的话领型可以有几十种之多，要说三天三夜。

PANTS: THE LOWER PROFILE PRESENTED, THE MORE IMPORTANCE DISPLAYED
长裤：越低调，越重要

优雅得体的裤子是串联整体风格的关键，也是木桶上最短的那块板。在日常穿搭中，裤子往往最容易被忽视。

优雅得体的裤子是串联整体风格的关键，也是木桶上最短的那块板。

在日常穿搭中，裤子往往最容易被忽视，因为习惯从头到脚看人的女孩子会先看到上装，习惯从脚到头看人的女孩子会先看到鞋子。成功的搭配很难归功于裤子选得好，但是裤子上出了毛病绝对可以瞬间毁掉你。

在我看来，一条正确的裤子包含一个“中心”和“两个基本点”：

一个“中心”：以适用场景为中心

两个“基本点”：低调、合体

- 低调

  不应当让裤子决定你的着装风格；

  不应当让裤子首先映入别人眼帘。

- 合体

  不应当在你把钱包放入口袋之后就立马鼓起一座小帐篷，让人产生奇怪的误会；不应当在你坐下、站立或行走时变形；放开裤腿的牛仔裤，坐下时不要露出袜子。不可以穿秋裤，臃肿的秋裤会毁掉裤子的板型，毁掉牛仔裤的一切皱褶和细节。

所以，讨论基本款的裤子特别有指导性意义，搞清楚款式和选择方法远比搞清楚今年的秀场流行趋势要管用许多。

基本款本身属性已经完美符合低调的要求，只需要对场景加以分析，再加上一点点“合体小贴士”就可以了。

Trousers One • 职场新鲜人

无褶正装裤（Flat Front Dress Pants）

作为一个职场人，必须要有一条可供出席任何正式场合的裤子，正装裤子有一个专有名词，叫作 Dress Pants（正装长裤）。常见的正装裤有两种款式：单褶（Pleated）/ 无褶（Flat Front）。❶

❶ 左侧为 Flat Front，右侧为 Pleated

虽然 Pleated 款式的单褶能够提供更好的穿着舒适度，尤其在坐下的时候，能够给裆部比较饱满的人提供足够的空间；但穿着显得过于臃肿和老派，随着服装设计向简洁化趋势发展，近年已经基本绝迹。

一条灰色或者海军蓝的正装裤，可以穿非常久，属于必备装备。上班、婚礼、面试，所有能够想到的正式场合都可以使用。当然，最好还是购买正装套装，这样可以免去上装下装配色之苦，避免犯错误。选择更多的颜色、更多的风格则可以在庄重中体现活泼与多元化。

怎样判断正装裤是否合体？裤子不可以太紧，大腿部必须有足够的空间，保证站立时整个裤面平整光滑，并且在正常行走时没有过多的皱褶出现。裤子长度在站立时要到达鞋面，稍稍覆盖鞋面，在裤腿处形成一个轻微的皱褶，称为 Break。最佳的裤长为出现 Quarter（四分）Break 时，Half（二分）亦可，Full（全）意味着裤子买长了，No（无）意味着买短了。

出席正式场合时，需要保证在坐下时露出袜子的同时，避免露出任何带腿毛的皮肤，所以搭配一双长袜也十分必要。

裤子的腰围应当以不系腰带也不会下坠作为合适的判断标准。这一点，体形稍胖的男士应该尤其注意，一条合体甚至稍紧的裤子能够修正体形、上移重心，让人认为你是身材壮实，而非臃肿。

在穿裤子这件事上，常犯的一个错误就是无论走到哪里都穿着牛仔裤。实际上，除了正式场合的正装裤外，半正式场合中，牛仔裤的最佳替代品就是 Chinos。如果你想要风格化的效果，可以给你的 Chinos 搭配一条背带。

斜纹棉布裤（Chinos）

Chinos 和卡其裤（Khakis）类似，不同之处在于正统的卡其裤是纯棉制卡其色，而近年 Chinos 的材料已经没有那么固定，加入了很多人造纤维，不论舒适度还是耐用度都有所提升，并且颜色也越来越五花八门，实用及美观指数直线上升。

在穿裤子这件事上，常犯的一个错误就是无论走到哪里都穿着牛仔裤。实际上，除了正式场合的正装裤外，半正式场合中，牛仔裤的最佳替代品就是 Chinos：可以搭配大多数的上装和鞋子，无论春夏秋冬都可以穿，搭配衬衫可以覆盖工作和生活场景，属于男士必备款式。

常见的错误还有把 Chinos 跟那种从上到下全是口袋的袋袋裤（Cargo Pants）搞混。Chinos 只有两个口袋，而那种浑身上下都是口袋的裤子难道也能穿出门吗？

比起牛仔裤，Chinos 配靴子会显得更加优雅；在纯生活场景中，本应该穿牛仔裤的时候换上一条 Chinos，更能体现雅痞气质；在半正装装扮中，Chinos 也是最重要的单品，比正装裤更舒服，又不失严谨。

同样，Chinos 也一定要合体，对于这种半生活化的裤子，合体的定义就比较宽泛，可以简单地理解为修身、笔直，即一定要符合自己的腿形，要比正装裤更贴身，不要松松垮垮的，否则会显得整体非常臃肿。

还要介绍一个塑造风格的神器：背带。不少人对背带没有太多的了解，其实，背带在早年是正装裤的必需品。它可以很好地固定裤子的高度，尤其对于比较胖的人来说，有了背带，就不需要再忍受腰带的束缚；对于比较矮的人来说，有了背带，可以避免由于运动导致的裤子下滑，让腿看起来更长。由此可见，背带是粗腰男士的救星，矮个子的福音。

背带与正装裤的搭配很难，穿不好简直会被人在街头按住痛打；而与 Chinos 搭配，整体风格化会让造型显得与众不同。

Trousers Three 人人都会穿

牛仔裤(Jeans)

牛仔裤几乎是大家最常穿的裤子，很多人一年到头都是“牛仔裤走天下”，专业的还讲究“原牛”“洗牛”“养牛”，甚至把一条牛仔裤供着、养着，直到牛仔裤吸收了天地之精华、日月之灵气，变成可以自由直立行走的牛仔裤精，甚至还能自己出门买菜、遛狗、泡妞。

牛仔裤款式众多，其中有很多款式已经家喻户晓，并成了流行文化的代言。如何挑选牛仔裤的款式确实是一门艺术，可以怒讲三天三夜，讲得不好还容易得罪人，所以在这里就简单讲讲基本款的牛仔裤该如何选择。

右页图由左至右的款式分别为——Skinny/Slim(紧身/修身)、Straight(直筒)、Bootcut(靴型)、Relaxed(宽松)，为方便辨识，我们以发明牛仔裤的Levi's品牌编号来对应，分别为：511、501、517、559。

后两种的款型实在是太过于宽松，除非为了追求个性化风格或者实在太胖，否则不建议选择。优先选择Skinny/Slim款式，裆部的位置较高会有效拉高腰线、拉长双腿，凸显良好的身材比例，尤其适合腿细或者较矮的人。

如果想风骚一点，可选择细一点的Skinny款；如果想正常一点，就选择宽松一点的Slim款；如果感觉自己的屁股比较大或大腿比较粗的话，可以选择Straight款。该款较为宽松的内部空间完全可以达到隐藏身材短板的目的，且又不会显得过于松垮。此外，学习挽裤腿的技能也非常必要。

很多人抱怨牛仔裤买来以后穿着没型，其实是因为一条厂商之间不成文的潜规则：为了防止牛仔裤缩水、降低退换货率，牛仔裤上标的尺码往往比实际尺码大很多。一条标34码的牛仔裤能在实际测量中刷出38码的数据，可想而知，大家按照自己的实际尺码买的裤子穿起来会有多么惨不忍睹。

所以我一再强调，在买成衣的时候，一定要选比自己的实际尺码小1—2码的。因为不光是牛仔裤，几乎所有成衣厂商都会遵从上述潜规则，更何况很多品牌是根据欧洲人体型打板的，亚洲人本来就应该选择比自己实际尺码稍小的尺码。举例来说，如果你实际应该穿L号，那么买欧美品牌时务必要去试穿M号，绝对错不了。

① Skinny

② Slim

③ Straight

④ Bootcut

Trousers Four 子孙生满堂

运动裤(Sweatpants)

每天在家的时候如果还穿着牛仔裤，会感到一种“蛋蛋的忧伤”。科学家研究表明，长时间穿牛仔裤会导致核心部位温度升高。所以，务必在家里备一条宽松的居家裤，来保证“香火的延续”。推荐买收腿的运动裤，这样不仅不用系腰带，用途也更广。不仅能在家穿，临时下楼收快递，出门倒垃圾，帮邻居女生修电脑，甚至中途想去跑步健身，都不需要换裤子，还会让你看起来有点儿帅，属于必备基本款。

❺ Relaxed

运动裤的用途很广泛，不仅能作为舒适的居家裤，穿着它还能临时下楼收快递，出门倒垃圾，帮邻居女生修电脑，甚至中途想去跑步健身，都不需要换裤子。

SHORTS:
THE BALANCE OF "JUST RIGHT"
短裤：要短得恰到好处

尽管时尚圈的潮流趋势千变万化，过膝的短裤或者过短的短裤可能会有被推到浪潮顶端的那一天，但我们直男要坚持只穿符合优质直男长度的短裤，始终如一。

男人，最重要的是下半身。穿短裤不仅能让你感到通体凉爽，也会让你与众不同。

说到这里，可能有些男士无法接受，因为很多人穿着短裤跑去约会都以悲剧收场。看一个人穿衣的品位，直接看他穿的短裤就行。短裤是一把双刃剑，它既可以让你连姑娘的手都牵不到，也可以让你成为行走的荷尔蒙。

什么样的短裤才是一条兼具质感与品位的高级短裤？

“直男癌”的第一病征：短裤过膝。穿一条过膝短裤约会可以直接和“对不起你是个好人”画等号。一条品相完美的直男短裤，应该高于膝盖1cm，低于大腿的中部。

请各位牢记这个标准，这是直男的绝对领域。短裤的长度是判定你是否是个优质直男的标准。短裤高于大腿中部，就是“娘炮”；短裤长过膝盖，就是“土鳖”。

尽管时尚圈的潮流趋势千变万化，过膝的短裤或者过短的短裤可能会有被推到浪潮顶端的那一天，但我们直男是不会随波逐流的。建议只穿符合优质直男长度的短裤，始终如一，就像坚持我们的爱情观一样。

此外，一条短裤的裤管大小也与你的下半身品位有很大关联。一条品相完美的直男短裤，裤管的宽度应该是你大腿宽度的1.5倍左右。

建议摒弃过紧或过肥的短裤，就像为人要不卑不亢。

需要强调的是，不管是T恤还是长裤，尽量选择基本色，即黑、白、灰、海军蓝。而当短裤作为一种非正式场合的穿着时，你便可以释放天性，以绚烂的姿态登场。

短裤鲜艳的颜色能和小腿裸露的肤色中和，使你下半身的色彩搭配达到一个和谐点。因此挑选短裤时，你大可不必局限于性冷淡的颜色，可以选择光谱上任意的色彩来装扮你的下半身。

但在穿彩色短裤之前，还有一句忠告请各位一定要谨记：如果身上的衣服有3种以上鲜艳的颜色，那就是个“土鳖”。所以，如果你选择了一条鲜艳的短裤，那上半身选择基本色就行。

5

BROGUES: THE SHOES THAT FULFILL ANYTHING
布洛克鞋：王之战靴

说起最适合跟姑娘约会吃饭时穿的鞋，还应当是布洛克鞋。它的实用度极高，一年四季几乎都可以靠它过日子。

说起最适合跟姑娘约会吃饭时穿的鞋，还应当是布洛克鞋。

在被奉为“正装传销电影”的《王牌特工》（*Kingsman*）中，科林·费斯（Colin Firth）扮演的哈利曾语重心长地说道：“牛津好过布洛克，一穿布洛克你就找不到女朋友。”

事实上，Brogue 只是指雕花镂空、由皮块拼接，且拼接界限为锯齿边的样式，不能算鞋的分类。牛津鞋是指鞋面和鞋舌分开的鞋，正儿八经是鞋的一种分类。换言之，一双鞋可以同时既是牛津鞋，又是雕花鞋（即布洛克鞋）。

布洛克鞋是 16 世纪苏格兰和爱尔兰工人穿的工作鞋，雕花镂空之处是蹚过湖泽时的排水孔，所以带孔鞋确实曾被老牌绅士鄙视。从入狱照可以看出，1920 年悉尼监狱中的不少囚犯就穿着布洛克鞋。

然而，雕花镂空对年轻人则是一个福利。开孔带来的轻松感，正好中和了皮鞋的严肃感，更加容易穿出门。由于本质是双带鞋带的皮鞋，质感胜出其他乱七八糟鞋款一大截，所以非常适合约会穿。

根据鞋面纹饰，大致可分为 Full Brogues（全布洛克）、Semi-brogues（半布洛克）、Quarter Brogues（四分之一布洛克）、Longwing Brogues（长翼布洛克）几种。

Full Brogues 鞋头接皮呈现“W”样式，也被称为 Wingtips（翼尖），是 Brogues 中最出众的款式。

Semi-brogues 有点儿像正式的三接头牛津鞋，只是多了雕花花纹。Quarter Brogues 则连鞋头上的雕花也直接取消了，只留接头处的雕花，是布洛克鞋中最正式的款式；如果再穿上一身正装，能让姑娘感觉你非常专业。

除此之外，发源于美国的 Longwing Brogues 比较奇特，“长翼”完整环绕鞋底部，整体风格显得非常随意，完全不适合正式场合穿着，反倒成了各路设计师发挥空间最大的鞋款，汤姆·布朗（Thom Browne）就非常喜欢穿一双 Longwing Brogues 到处晃来晃去。有趣的是，英国人叫它美式布洛克鞋，美国人叫它英式布洛克鞋，骨子里互相瞧不上。

一双布洛克鞋总能在约会时让姑娘觉得你有点儿料，Full 或 Longwing 款都不错。注意：穿的时候，一定要露出点儿脚踝，这样才能显得年轻。棕色黑色显得过于严肃也没关系，毕竟这年头，已经没什么不能带颜色了。

对常年专注于九分裤、露脚踝的“老大爷”来说，颜色鲜艳的 Longwing Brogues 就是在藐视世界：哥还年轻。其实绿色就很不错，但容易让人感觉不太妙，联想到“戴绿色帽子”的俗语；而红色就比较难穿，不建议尝试，太容易穿错，也太容易招来异样的眼光。

相反，在正式的场合中，一双沉稳的红棕色布洛克会让年轻人看起来没那么死板。颜色浅一些，擦亮以后会非常出众。不过，深色的布洛克相对来说更不容易出错，搭配简单的白衬衣和外套效果就不错。

布洛克鞋很好搭配，与任何款式的牛仔裤、休闲裤搭在一起都可以很出彩。实用度极高，一年四季几乎都可以靠它过日子。在恨不得光膀子的夏天，布洛克鞋也总能在各种没鞋穿的危急关头拯救直男于水火之中。

除了布洛克鞋之外，布洛克靴也是居家旅行必备良品。每个男士都应该拥有一双布洛克靴，让它陪自己走过一段段激情燃烧的岁月。

LOADERS: STAND OUT IN A CROWD
乐福鞋：在人群中来一次孔雀开屏

说白了，乐福鞋其实就是欧美人的“老北京布鞋”，只是更风流。当一个男人穿上乐福鞋时，不管是在公司董事会还是在酒吧，他都透着一种玩世不恭的气质。

乐福鞋是最“不正经”又最风骚的男士战靴。

相比于其他几种皮鞋，乐福鞋的外观最简洁，也最好认：没有鞋带、平底、低帮。因此这种鞋极其容易穿、脱，又称“一脚蹬”。

乐福鞋的英文词根 Loaf 原义指一种闲散的生活方式，这也很好地诠释了乐福鞋的特性：除了方便、舒适，其他都不重要。

有趣的是，这款简便的小皮鞋却成为很多绅士的最爱。20 世纪初，男人对鞋子的要求极为苛刻，为了保持严肃正式的形象，出门必须穿系带的正装皮鞋。久而久之，大家不仅觉得每天系鞋带很麻烦，而且穿久了还不舒服。

为了穿着方便又不失品位，乐福鞋应运而生。关于乐福鞋的起源，流传着很多故事，其中这两个版本流传最广：英国皇室有个懒人想要一双“一脚蹬”的皮鞋；美国有个懒明星想要一双“一脚蹬”的皮鞋。反正就是不知道哪个地方有个懒人，想要一双“一脚蹬”的皮鞋，于是有了乐福鞋。

说白了，乐福鞋其实就是欧美人的“老北京布鞋”，只是更风流。当一个男人穿上乐福鞋时，不管是在公司董事会谈生意还是在酒吧的舞池蹦迪，他都透着一种玩世不恭的气质。

比起穿布鞋遛鸟的北京大爷，欧美人更爱美，他们已经把乐福鞋的外观设计出了十几种模样。以下是乐福鞋中最骚气的 3 个款型，以及它们的搭配哲学。

大学生群体间总是会形成某些常人无法理解的潮流。比如，20 世纪 50 年代的常春藤高才生，为了把自己和校园外那群不读书的同龄人区分开，他们开始流行往鞋舌里塞硬币——晚上喝多了可以用鞋里塞的 1 块钱去公用电话亭打电话叫爸妈接他们回家。

Penny Loafers（便士乐福鞋）由此诞生。在普通的“一脚蹬”基础上，它在鞋舌部位加了一道横跨脚背的皮带，中间的开孔正好可以塞下 1 块钱硬币。

美国平民为了证明自己的智商不比常春藤那帮小孩儿低，也都开始穿便士乐福鞋上街。这让便士乐福鞋从 20 世纪一直火到了现在，是乐福鞋中最畅销的鞋款。

如果你决定购入人生中的第一双乐福鞋，一定要选择便士乐福鞋。因为它是所有乐福鞋中发展最成熟的款式，搭配什么风格的衣服都可以。搭配正装时，选择深色亮光皮面的便士乐福鞋，正式感丝毫不亚于那些讲究的正装鞋；搭配海军蓝 Blazer 和卡其色 Chinos，选择绒面材质的咖

啡色便士乐福鞋，能让人感受到一种极高的亲和力；搭配更加日常的服饰，如牛仔裤，你可以选择任何材质和颜色的便士乐福鞋，和牛仔蓝形成鲜明对比的擦色红就是不错的选择。

乐福鞋和其他绅士皮鞋相比，最大的优势就是更适合露脚脖子。任何一款乐福鞋都非常适合搭配短裤，便士乐福鞋搭配正装短裤，可以让你严肃的上半身和骚气的下半身完美融合。

Tassel Loafers

—

流苏乐福鞋

Tassel Loafers（流苏乐福鞋）在好莱坞是最常见的乐福鞋款，大佬都穿它。“二战”后美国百废待兴，社会名流们蠢蠢欲动。当时的奥斯卡最佳男主角保罗·卢卡斯（Paul Lukas）为了和横扫比弗利山庄的妖艳风格形成对比，让两位鞋匠融合流苏和传统乐福鞋型，打造出了流苏乐福鞋。好莱坞明星、奥斯卡终身成就奖得主、百年来最伟大的男演员之一加里·格兰特（Cary Grant）爱流苏乐福鞋爱到不行。流苏乐福鞋一经出世就轰动了整个好莱坞，当时的社会名流几乎人手一双。

直到现在，它仍是时尚小怪人最爱的春夏基本款。

流苏乐福鞋的特点是鞋面像女孩的脸一样干净，在鞋舌部位有流苏作为点缀，鞋身周围缠有一段皮带以增加鞋子的稳定性。乐福鞋是最骚的皮鞋，流苏鞋则是最骚的乐福鞋。干净的鞋身配上流苏花饰，只有冰清玉洁的男人才配拥有它。由于流苏乐福鞋过于凸显个性，它并不适合出入“一身黑”的正式场合，随心穿搭的日常生活才是它的主场。

从材质搭配方面来说，亮面皮质流苏乐福鞋配上亚麻休闲套装，就是一套典型的意大利装扮；而选择绒面的流苏款时，搭配蓝色的九分裤明显要好过白色的裤子。

流苏乐福鞋最大的特色是它的颜色可以很骚。如果今天你打算“亮瞎”所有人的双眼，在人群中来一次孔雀开屏，那么绿色亮面高光的流苏乐福鞋就是你的首选。

还有种更高级的穿法：流苏乐福鞋是所有乐福鞋中脚背裸露面积最大的，所以如果你有一个有趣的灵魂，那就不要光脚穿，这样太普通。选择色彩鲜艳的袜子搭配流苏乐福鞋，你的街拍上镜率会比好莱坞明星还高。

Gucci Loafers

—

古驰乐福鞋

再来说说 Horsebit Loafers（马衔扣乐福鞋）。它还有另外一个霸气的名字：Gucci Loafers（古驰乐福鞋），可以说是追求正统风格的男士的选择。这款鞋就是由意大利奢侈品牌 Gucci（古驰）命名的。

20 世纪 50 年代，当乐福鞋在美国火得人手一双时，以英格兰为首的顽固的欧洲绅士却认为这是一款不够正式、没有内涵的便鞋。

但意大利男人并不服气。

“这是一个大市场。”Gucci 家族的皇太子奥尔多・古驰（Aldo Gucci）边抽雪茄，边在传统乐福鞋上敲上一个金属的马衔扣，直接把这双鞋甩到了英国唐宁街老男人们的脸上。

这下，古驰乐福鞋在欧洲火了。越简单的东西越讲究精致。靠着顶尖的制鞋工艺，Gucci 将这款王牌鞋型做成了最精致的乐福鞋款，将乐福舒适易穿的特性发挥到了极致。它直接超越了品牌，单独成了一款鞋型。

到今天，古驰乐福鞋已成为唯一适合搭配正装的乐福鞋。如果你今天要去国贸三期 78 层参加董事会会议，那就用一双古驰乐福鞋搭配你的高端定制正装。

相信我，穿上适合夏季的鞋子，你的脚不仅不会臭，还能散发一股灵魂的香气。在夏天，穿起来又舒服又能让你看起来有品位的，只有乐福鞋。

MONKSTRAP SHOES: BETWEEN NOBILITY AND CIVILIAN
僧侣鞋：在贵族和群众中游走

对多数人来说，僧侣鞋并不常见，但事实上僧侣鞋却是皮鞋中的基本款，日常必备。同其他鞋款相比，以皮带固定脚面是僧侣鞋最显著的特点。

僧侣鞋源于生活，可谓“从群众来”，但又高于生活。僧侣鞋的识别度很高。相比没有鞋带和皮带扣的乐福鞋，僧侣鞋多出一丝正式的意味。对多数公职人员乃至普通人来说，僧侣鞋并不常见，但事实上僧侣鞋却是皮鞋中的基本款，日常必备。

同乐福鞋、牛津鞋、德比鞋相比，以皮带（Strap）固定脚面是僧侣鞋最显著的特点。

论风格，没有穿插整齐精致的鞋带，僧侣鞋的皮带扣能避免牛津和德比的烦琐感，更接地气，能满足“到群众中去”的要求。无论正式、非正式场合，都合适。

僧侣鞋的历史较其他鞋款更为悠久。早在15世纪，罗马天主教修道士为了在冬天御寒，将日常皮凉鞋改为包住脚面的新式皮鞋，皮带扣固定更容易开合，耐磨且方便，僧侣鞋的雏形就此诞生。

随着天气越来越冷，浅口僧侣鞋显然不足以保暖，于是将脚踝也包裹住的款式开始出现。

18世纪，僧侣鞋皮带扣设计深受法国王室喜爱。20世纪初，在美国印第安纳州一家工厂中，无产阶级工人们更将这种耐磨又方便的鞋穿上脚，扎实了僧侣鞋的群众基础。

真正让僧侣鞋被大众接受的，当属行走于20世纪30年代的“全民着装圣经”温莎公爵。他凭借自己超前的审美，委托鞋匠设计出现代僧侣鞋。被温莎公爵一穿，僧侣鞋彻底被大众接受。不难看出，在贵族和群众中游走的僧侣鞋，适应任何场合。

如今，僧侣鞋的款式以Double MonkStrap Shoes（双扣僧侣鞋）最为常见。较Single MonkStrap Shoes（单扣僧侣鞋），双扣僧侣鞋更活泼，也更适应非正式场合。可以配一条领带，卷起裤脚，露出双扣僧侣鞋。

最朴实的僧侣鞋款式可能会让20岁出头的你略显老气，建议尝试Brogue的雕花装饰款，它能让你在人群中闪耀光芒。

如果担心雕花双扣僧侣鞋太惹眼，那么选择单扣款式无疑是机智的做法。鞋面雕花、单双扣

对于僧侣鞋来说不过是“身外之物”，颜色才是僧侣鞋的灵魂。

对多数人来说，选择普及率极高的深棕色僧侣鞋最为稳妥。深棕色非常容易搭配衣服，不易出错，透着靠谱的好汉气场。

浅棕色僧侣鞋稍亮一些，也算是几乎不挑衣服的颜色，一双抵过去五双臭脚胶鞋（这才叫划算），还能将朴素的作风贯彻到底。

深红棕色僧侣鞋也能迅速打破老成，配合细格纹正装裤，一看就多读过几本书；搭配一件毛呢大衣，非常有年轻人的味道。

深蓝色僧侣鞋更显正直成熟，上脚后竟然能给人以“廉洁”的感觉，让你看上去就是一个不沉溺于欲望、靠得住的男生。

配上同色系深蓝色正装，上下一致。一看就是个平时表里如一、敢跟腐败之风正面斗争的好青年。

不仅颜色，材质的选择同样影响一双鞋乃至整个人给外界的印象。若想证明自己踏实，麂皮僧侣鞋当仁不让。比如，选择柔软的麂皮，材质不仅舒适度高，绒面更厚重暖和，能搭配长筒袜，不反光的特性也更显低调。穿上后，怎么看都是个忠于组织、服务群众、勤劳肯干的好青年。

但相比光面皮质，麂皮僧侣鞋的缺点在于不易清理。一旦弄脏，只能送到专业清洗店清洁，多雨的南方不建议选择这种款式。此外，日常放置，切忌暴晒。

相比材质、颜色、款式，多数人都会忽略袜子。其实，一双恰到好处的袜子，才是提升整个人品位的终极细节。比如，一双不规则条纹袜子就非常不错。颜色方面，纯色红袜虽然“又红又专”，却不容易穿好；尤其是深红色，穿着出门非常不显洋气。

LEATHER CLOTHING: SMELLS LIKE HORMONE
皮衣：行走的荷尔蒙

玛丽莲·梦露曾说：“最让女人着迷的男人味，是他身上穿了至少三年的皮衣的味道。”
所以买一件好皮衣，成为姑娘们眼中行走的荷尔蒙吧。

玛丽莲·梦露（Marilyn Monroe）曾说：“最让女人着迷的男人味，是他身上穿了至少三年的皮衣的味道。”

皮衣确实从里到外散发着男性气息，只要皮衣穿得好，就算你骑辆二八自行车，满身的男人味也丝毫不会被掩盖。但并不是所有人都知道该怎样挑选皮衣。

很多直男小时候可能都会眼馋老爸那件穿了很多年的皮夹克，没事还老想偷偷试穿一下，好像穿上了皮衣，就一下从小屁孩儿变成了成熟男人。你别说，这还真是全世界人的共识。

至于那些软趴趴、皱巴巴的村干部风格的皮衣，说真的，这样的皮衣不但没有男人味，而且就想连续穿 3 年都够呛。

其实买到一件好皮衣真的不难，注意下面这几点，你也能成为姑娘们眼中行走的荷尔蒙。

First 皮革种类（Kinds of Leather）

皮质是一件皮衣的重中之重，也是判断一件皮衣好坏最基本的标准。一般来说比较常见的皮衣材质主要是牛皮、羊皮、马皮和猪皮。如果你想买一件皮衣，首选肯定是牛皮或者羊皮。

为了避免挑选皮质时过于纠结，我建议直接过滤掉猪皮。不少卖皮衣的人可能会忽悠说猪皮耐用而且价格便宜，但是请相信，谁买谁后悔。作为品相最差的动物皮之一，优势也就只剩下便宜了。

牛皮皮质比较硬，耐用性也很好，做皮衣非常坚挺。牛皮中分黄牛皮和水牛皮，黄牛皮比水牛皮皮质细腻，当然价格也就更高。

大部分人对黄牛皮和水牛皮没什么概念，不少便宜的牛皮皮衣都是用的水牛皮，男士们买皮衣的时候别犯傻，如果卖家一个劲儿地只说牛皮，那八成就是水牛皮。

通常，高档牛皮质感坚挺而且有亮度。喜欢软皮质的话可以考虑一下羊皮，羊皮虽然耐用性不如牛皮，但是柔软度非常好，穿上就跟一件普通的加厚夹克差不多，旋转跳跃无障碍，闭上眼可以随心所欲。

羊皮也分绵羊皮和山羊皮，看名字也知道，绵羊皮肯定最为柔软舒适，山羊皮肯定结实耐穿，两者价格差距不大，男士们可以按需要选择。

但是作为一个随时飘着雄性荷尔蒙的直男，我觉得还是应该“硬”起来。比如，选择典型的做旧羊皮。

除了牛皮和羊皮，很多皮衣还会选择马皮。马皮的皮质比牛皮更硬，也更坚挺，如果完全不考虑舒适度的话，马皮皮衣不管从质感还是色泽上都比牛皮和羊皮更亮眼。但是穿在身上就好像一件铁衣，开车的时候如果不把拉链拉开，想打满方向盘拐弯都费劲儿。

除了这些比较常见的，还有不少稀有皮皮衣，比如袋鼠皮、鹿皮甚至鳄鱼皮。这些我都不推荐，因为价格确实比较贵，而且像鳄鱼皮这种质感是极难驾驭的，穿不好的话看上去就像是要咬人的土豪。

凭良心说一句，皮衣还是应选择坚挺一点儿的，姑娘们喜欢的也是这股男人味。至于舒适度，适当地往后放放吧。

Second 皮革工艺 (The Process of Leather)

人们常说的头层皮和二层皮是什么意思？

简单来说，就是把一张皮从中间片开，外面的第一层就是头层皮，二层皮就是剥下头层皮后剩下的那部分。头层皮的毛孔和纤维都比较明显，质感好而且耐用。二层皮纤维比较疏松，质感比较差，时间久了可能还会脱皮，我对二层皮的建议只有两个字：不买！

如果担心自己分辨不出来头层皮和二层皮，不妨看看吊牌。根据我国相关规定，一般来说，头层皮标注为牛皮革，二层皮标注为牛剖层革。

近些年由于手工皮具大热，关于鞣制的概念被很多商家拿来坑人，我觉得必须给大家指条明路。皮革一般都会经过鞣制，这样可以增加耐用性，完全没有鞣制的皮革很容易腐烂和扯断，做皮衣、皮具的话根本坚持不了几天。

现在有不少卖家经常会一肚子坏水地跟你吹他家卖的皮料是植鞣革，是用纯天然材料制成的，完全无害。不明真相的人一听就觉得好厉害，但是相信我，压根儿就不是他说的这么回事儿。这种神秘的全天然植物鞣剂等，其实就是单宁酸鞣剂，没什么高端神秘的。

皮革鞣制的方法除了植鞣还有铬鞣。

铬鞣革鞣剂的选择很多，诸如明矾、甲醛、工业盐碱和其他专用的合成铬鞣剂等。是的，你没看错，真的不用铬。

有些手工皮具爱好者还创造了一种说法，叫手工鞣制——这看上去是不是更环保更有情怀？我听到这个概念的时候笑得差点儿仰过去，因为鞣制必须通过各种鞣剂解决，物理方法最多只能叫瞎搓。而且说这话的人大概不知道一块皮有多大，真用手工你大概能鞣到下辈子。

现在很多人都喜欢植鞣革，而把铬鞣革说得一无是处。其实不一定，国内的植鞣水准多数令人担忧，而铬鞣的机器动辄上千万，不少厂商根本买不起，所以只好联合起来吹捧植鞣革的牛皮。

对此，我只想说一句话，爱马仕用的就是铬鞣革，关键还是要看鞣制水准。

Third 皮衣细节 (Leather Details)

光知道选什么类型的皮还不够，要挑到一件飘着荷尔蒙气息的皮衣，还有一些细节需要各位男士们注意。

首先就是重量，一件好皮衣重量一定不轻，如果拿在手里没比一件衬衫重多少，那这件皮衣显然是有猫腻的。

除了重量，还有一个比较容易注意到的细节就是拉链。很多人一提到拉链首先就想到 YKK。不得不说，作为一个制造拉链的公司，YKK 的营销水准简直完爆市面上 9 成的互联网公司。很多不明真相的人甚至觉得一件衣服如果没用 YKK 拉链，根本就不够档次，其实，YKK 在业界的水准大概等同于餐饮界的麦当劳。YKK 虽

然名气很大，但是并不算高端品牌，普通拉链大概每米20—30元。虽然YKK也有银拉链这种高端货，但是市面上99%的皮衣都不会采用。美国的IDEAL是比较常见且比较硬的拉链品牌，价格上也比YKK要贵一些。

而像意大利LAMPO和瑞士RIRI就完全是顶级品牌了，每米价格破百，很多奢侈品大牌都非常喜欢用这两个品牌的拉链。

重量和拉链都是比较容易判断的细节，还有一些小细节需要大家下点儿功夫。

买皮衣时还可以带一张湿纸巾，选好了就擦一擦，不少染色技术不过关的皮衣还真的会掉色。

还要注意看一下剪裁和缝制的工艺：针码是不是均匀，缝制的线路是不是顺直。如果是机车或者翻领皮衣，则要翻开领子看一看翻折处是不是平直，如果歪七扭八就说明做工不过关。

结合之前提到的皮质鉴别法，想挑选一件工艺出色的皮衣就不在话下了。

Fourth 皮衣款式 (Leather Style)

皮衣说到底还是一件衣服，皮质和做工细节只是一件皮衣的基础。想成为行走的荷尔蒙，在挑款式的时候就一定要避免选到老干部气的皮衣。皮衣的款式这么多，到底什么样的才能散发让姑娘着迷的男人味呢？

皮衣的主要款式其实不多，基本上以Classic Biker Leather Jacket（经典机车皮衣）、Minimal Biker Leather Jacket（直拉链机车皮衣）、Bomber Leather Jacket（飞行员皮衣）为主。此外，还有皮西装和皮风衣，但是驾驭起来难度比较大，如果没有梁朝伟那样的颜值和气场，就别轻易尝试了。

经典机车皮衣绝对是皮衣中最经典的款式。老电影《飞车党》（*The Wild One*）主演马龙·白兰度（Marlon Brando）穿着机车皮衣，搭配白T恤、紧身牛仔裤，脚踩一双长靴，男人狂放不羁的味道冲破屏幕，一时间成了所有少男少女的偶像。

除了白T恤和牛仔裤，机车皮衣还有很多其他搭配方式，不管是搭配从里到外一身黑还是正装裤，都能完美胜任。冬天还可以在外套一件派克大衣。可以说机车皮衣只要合身，怎么穿都不太会出错。

除了斜拉链的经典机车皮衣，还有比斜拉链更男人的直拉链机车皮衣。

在电影《永无止境》（*Limitless*）中，主演布莱德利·库珀（Bradley Cooper）穿的就是直拉链机车皮衣。圆领皮衣搭配T恤和牛仔裤，别看很随意，但就是能让姑娘根本挪不开眼睛。

只要穿得对，就算相貌平平，你在男人味上也绝对不会输给他人。

除了圆领以外，还有立领和翻领的直拉链机车皮衣。立领看起来干净利落，翻领相对更成熟稳重一些。

我比较推荐男士优先选择立领，翻领的皮衣穿不好，看起来不但一点儿都没有男人味，还很容易被人当作村干部。立领就稳妥得多，不管怎么穿，至少看上去还是青春有活力的。

飞行员皮衣也是常见的款式。在经典电影《珍珠港》（*Pearl Harbor*）中，美军基本都穿着翻领的飞行员皮衣，一个个看起来都是征服蓝天的铁血硬汉。

现在的飞行员皮衣和过去区别不大，收腰的设计可以很好地修饰男人的身材比例，由于皮衣本身比较短，所以怎么穿都显得腿格外长。飞行员皮衣搭配牛仔裤或工装裤看起来都很有男人味；如果再配上一双硬汉一点儿的工装靴或者军靴，根本不用开飞机，光是骑着自行车，随风飘荡的荷尔蒙也能让后坐的姑娘紧紧搂着你的腰。

掌握以上4点，不但能选到好皮衣，还能穿出男人味。

另外还有一点要注意，买了皮衣一定要经常穿，这样才能有历史感。千万别觉得买件皮衣花了不少钱，然后就收起来舍不得穿。皮衣放太久不穿很容易导致皮革老化，等你想起再穿的时候效果会大打折扣。

JEANS:
THE SIGN OF AN INTERESTING SOUL
牛仔裤：你的有趣灵魂

一百多年来，牛仔裤一直是大众个人情感的载体。

“牛仔裤蕴含着美国文化两个世纪以来的传说与理念。”

美国流行文化评论家詹姆斯·沙利文（James Sullivan）在自己的著作《牛仔裤：美国标志的文化历史》（*Jeans: A Cultural History of an American Icon*）一书中如是说。

不只是在美国，一百多年来，牛仔裤一直是大众个人情感的载体。牛仔裤表达的是你的生活态度，如果一个人牛仔裤穿得不好看，那他的灵魂肯定也很无趣。

1873年，从德国移民至美国纽约的年轻人李维·斯特劳斯（Levi Strauss）发明了世界上第一条牛仔裤。但他做梦都没有想到，将近150年后的今天，居然有人能把牛仔裤穿得这么丑。

比如，一年四季穿着锥子细腿牛仔裤配豆豆鞋、夏天背心冬天貂的社会小青年；在大街上晃着走路，穿着三步走路两步提的超低腰牛仔裤，还要露出半条本命年雕龙红内裤的山寨潘玮柏。

再比如，地铁上，没时间洗头，穿着因为久坐而磨白的超肥牛仔裤、地摊跑鞋、双钩运动袜的不修边幅的上班族。

这种妖魔化的牛仔裤打扮正在以野火燎原的速度荼毒整个社会，街上的牛仔裤，90%都被穿错了。为什么那些人能把牛仔裤穿得这么丑？因为他们对牛仔裤没有感情；深层原因是，他们不知道怎样正确地穿着牛仔裤。

如何正确地穿好一条牛仔裤？下面就3种类型为大家讲解。

First 直筒牛仔裤（Straight Jeans）

直筒牛仔裤是血统最纯正的牛仔裤，只有对自己严格要求的男人才能穿好它。1873年，申请了专利的Levi Strauss创造了第一条真正意义上的牛仔裤：以工厂编号501命名的Levi's 501，从此改写了男士裤装的历史。如今作为最普及的款式，市面上的直筒牛仔裤质量参差不齐，给这个经典款式蒙上了一层不起眼的凡人感。

对于真正高级的直筒牛仔裤，有种称呼叫阿美咔叽。阿美咔叽是America Casual的谐音，来源于日本人不太标准的英文发音，广义上是指一种受美国复古风格影响的日本服装风格。“二战”战败的日本受到了美国老大哥强制性的文化熏陶，时装风格有着深深的美国烙印。

原色牛、军事风、机车服等20世纪50年代的美式风格在这个时期重新受到日本人的热捧，并进一步演化成有日式特征的美式复古风格。

阿美咔叽的发展与当代艺术风格的形成时间基本重合，其与英伦复古风格的形成有类似之处，都是由对一个帝国时代的荣耀的留恋而诞生。其中最具代表性的就是赤耳丹宁直筒牛仔裤。赤耳代表的是一种古老的锁边手法，因为锁边的线是红色的，所以叫作赤耳。赤耳丹宁则是由一种古法织出、天然Indigo（靛蓝染料）染色的高贵布料。一块古法织成的赤耳丹宁布料比其他牛仔布料的宽度小很多，制作的时候会费更多的布料，所以赤耳丹宁裤成本更高：不仅费时费工，还费料。在牛仔裤机械化生产之后，这种技法开始退出主流舞台。但赤耳丹宁牛仔裤仍以过硬的质量、稀少的产量、高昂的价格居于牛仔裤的贵族地位。想穿好阿美咔叽风格的直筒牛仔裤要做到两点。

1 ——— 选择原色赤耳丹宁布料

赤耳丹宁布料的优势上文已经提到。选择这种布料的牛仔裤时，在颜色上一定要记住两个字：原色。高级的赤耳牛仔布是植物染色，其最初的那一抹蓝，就是原色。

关于赤耳牛仔裤，有个术语叫“养牛”，即指让

一条最初始的原色牛仔裤经过长年累月穿着、摩擦后自然落色，同时，板型上越来越符合穿着者的身材，变成他的第二层皮肤。
这样，整条裤子就是你的独家定制款了。

2 ———— 挽裤腿

由于赤耳丹宁裤价格昂贵且完整性强，很少有人对它进行随意的剪裁。偏长的裤腿堆在鞋子上会很邋遢，所以挽起来会更利落。
赤耳丹宁牛仔裤与其他普通牛仔裤最大的区别就是在裤管缝合线的两侧各有一条红色的走线。所以，只有赤耳丹宁牛仔裤，才有资格挽裤腿。

Second 紧身牛仔裤 (Skinny Jeans)

它是一种紧裹住双腿的牛仔裤型，它与其他牛仔裤最大的区别在于布料带弹性，因此即使是紧身也并不会觉得卡裆。这是一款被人误解最多的牛仔裤。大多数人对紧身牛仔裤的印象都被理发店穿豆豆鞋的小哥毁了，仿佛穿上紧身裤的男人都是“葬爱家族”的首领。
其实在国外，每一个内心向往自由的男人腿上都裹着一条紧身牛仔裤。
在 20 世纪 60、70 年代，面对突如其来的经济增长与文化爆发，年轻人分裂成了两个阵营，代表自由之魂的紧身牛仔裤受到了这两个截然不同的年轻群体的喜爱。有着“小众邪典”之称的电影《猜火车》(*Trainspotting*) 中的男主角雷登便穿着一条紧身的牛仔裤。电影中，他穿着紧身牛仔裤在伦敦街头狂奔，在破旧的公寓里酗酒，与兄弟们聊姑娘，拉屎也要穿着那条标志性的牛仔裤。作为 20 世纪 70 年代的英国年轻人，他用一条紧身牛仔裤疯狂地表达着自己：“反正世界已经这么糟糕，不如一切随心所欲。”
若想穿得像伊万·麦克格雷格 (Ewan McGregor) 那样有英式颓废感的话，你要掌握以下几点。

1 ———— 要脏

只有脏兮兮的紧身牛仔裤才会让你散发出不经世事的颓废感。

2 ———— T 恤要塞在牛仔裤里

紧身牛仔裤最大的优点就是可以拉长你的双腿 (如果你的腿够直够细)，T 恤塞到裤子里再搭配一条做旧的腰带，不仅不会隐藏你的长腿，还会显出你性感的臀部。
此外，把 T 恤扎进裤子里还是一种相当有品位的复古穿法。

3 ———— 上衣夹克一定要短

和 T 恤扎进裤子里一样，对夹克的长度也有要求，一定不能盖过你的臀部。
哪怕你是个眼眶深陷、生活病态的瘾君子，一件高腰夹克搭配紧身牛仔裤都能让你显得很帅气，再不济也能让你看起来气色稍微好一点儿。

与英格兰忧郁的青年相比，斯德哥尔摩的滑板少年选择用积极的态度来表达自己的叛逆和自由。他们属于 70 年代热爱生命型。
作为极限运动的鼻祖，滑板文化因为 70 年代一场旱灾而诞生。那时由于游泳池和排水渠的枯竭，热爱冲浪的年轻人在自己的冲浪板上装上轮子，开始“刷街”。来自北欧的斯德哥尔摩滑板青年，他们的不羁中隐隐约约还有着一丝性冷淡。要想穿成北欧街头男孩，要做到以下几点。

1 ———— 低腰

紧身裤有一大痛点——腰太高的话太像姑娘。为了克服这个问题，滑板少年们都选择穿低腰。低腰的标准是裤腰正好卡在胯部两侧，下蹲时正好不会露出屁股沟。

2 ———— 七分袖插肩 T 恤

从 70 年代发展至今，滑板文化已博大精深，从一个滑手的着装就能看出他的滑板水平。能做出最高难度动作的滑手，都爱穿七分袖插肩 T 恤配紧身牛仔裤。

3 ———— 滑板鞋，而非篮球鞋

紧身牛仔裤最忌讳的就是搭配肥大的篮球鞋，这两者的结合就像两根筷子插在两个西红柿上。记住：穿紧身牛仔裤时，即使搭配穿上就能扣篮的詹姆斯 87 代高科技实战篮球鞋，也不如一双低调的 Vans (范斯) 板鞋。

Third 靴型牛仔裤 (Bootcut Jeans)

这是一种膝盖以下裤管逐渐变阔，裤脚后跟较前跟长的牛仔裤型。如果你能理解我说的这款裤型，那你的品位已经超过了 99% 的男性。
受 19 世纪 50 年代水手裤的影响，设计师为追求穿靴子干活儿不累的美国西部牛仔设计了靴

型牛仔裤。20 世纪 70、80 年代摇滚文化盛行，许多摇滚乐手穿着象征着美国西部硬汉的靴型裤在舞台上嘶吼，布鲁斯·斯普林斯汀（Bruce Springsteen）就是其中的典型代表。

摇滚明星将靴型裤带到了大众的视野中，它由此有了一个新的称呼：微喇（微型喇叭裤）。提到微喇，就不得不提蹦野迪鼻祖“Rave 文化”（锐舞文化）。锐舞文化是和美国摇滚文化同时期产生的来自英国的一种地下文化。那时的英国正值撒切尔主义的末期，一帮有抱负又懂艺术、向往自由的年轻人蠢蠢欲动。对政府的抗议让他们成群结队地彻夜蹦迪，只要有音乐和酒的地方就是舞池。穿“微喇”的年轻人在当时，就是舞池中央那朵最美的花。

虽然靴型裤是 70、80 年代的文化产物，但鉴于前几年流行的小脚裤大势已去，也是时候穿上复古回潮的宽裤腿了。

想穿好靴型裤，需要注意以下 3 点。

1 ———— 不要堆出褶皱

靴型裤最重要的就是它的板型。

由于裤型从膝盖向下散开，若是裤腿堆在鞋面上形成很多褶皱，你的腿看起来就像被分成了三段，而你则像个来自布鲁克林的孤儿。

所以靴型裤的关键是裤长：一定要笔直地延伸到靴子的后跟而不形成任何褶皱。

2 ———— 一定要穿靴子

靴型裤的标配当然是一双陪你历经世事的靴子。宽松的裤腿搭配运动鞋的话，不但风格怪异而且还会像裹了小脚。只有厚实的靴底、高高的靴筒才能撑住靴型裤的完美裤腿。

3 ———— 一定要露出你霸气的皮带扣

穿靴型裤最酷的莫过于露出你腰部的古铜皮带头，这既象征着复古主义，也象征着男人的荷尔蒙。即便你的身材好到和裤腰完美结合，也必须系上一根水牛皮皮带，并扣上一个霸气的皮带头。

其实一百多年来牛仔裤发展出的板型远不止这几种，每种牛仔裤背后都有着丰富的文化内涵。很多人问我，为什么有些人一身大牌，但看上去还是那么土？因为他们对自己身上的衣服一无所知。你要知道自己穿的是什么，了解它的历史和内涵，再用它穿出自己的态度，这才是气质。

①

牛仔裤右兜内的小口袋，是用来放表的

最先发明牛仔裤的 Levi 发现
工人在工作时会随身带块怀表看时间，
为了让怀表有处安放并且不被刮坏，
他就在裤子上再加了一个小口袋，
这就是五袋牛仔裤的第五个口袋。

②

牛仔裤后面的皮标，是身份的象征

这块皮标是 1936 年由 Lee（李牌）首次推出的，
并红极一时，让带有皮标的牛仔裤成了爆款，
随后所有的牛仔裤品牌都
将自己的 Logo 放在了这块真皮皮标上。

③

永远都不要洗你的牛仔裤

关于牛仔裤到底该不该洗这个话题已经争论了几十年。
牛仔裤一洗就会彻底失去该有的灵魂，
但不洗又不卫生。
对于不洗牛仔裤的应对方案是：
多买几条。

SWEATER: THE TREND OF FASHION
毛衣：男人的“硬通货”

如果男士们希望成为“可以让姑娘多看几眼”的性感男人，不如放下对毛衣固有的偏见，在秋冬季尝试一下。

在每个姑娘的性幻想中，男主角都穿过毛衣。

我对毛衣的好感始于《BJ单身日记》(*Bridget Jones's Diary*)的那个开场：女主角看到一个高大结实的背影，以为遇到了真命天子，谁知一个转身，一件古怪的驯鹿圣诞毛衣出现在眼前。不过，不少人和女主角一样，虽然嫌弃这件丑毛衣，却疯狂地爱上了男主角科林·费斯的反差萌。

那一年的时尚杂志还对此做过一项调查，结果超过1/3的人认为，即使圣诞毛衣很丑，男人穿上还是挺性感的。

如果男士们希望成为“可以让姑娘多看几眼”的性感男人，不如放下“穿毛衣等于‘娘炮’”的偏见，在秋冬季尝试一下。

选毛衣时，一定要挑血统最纯正的英国渔夫毛衣。在那些绵羊满地跑的英国捕鱼小岛上，毛衣无处不在。

作为“二战”时期的重要战略物资，毛衣是后方民众给予前线战士的最大精神支持。

这些毛茸茸的织物，不仅是用来对抗阴冷潮湿的终极武器，后来也演变为英国男人骨子里那得体、讲究的服饰的内核。

其中最经典的且流传至今依旧盛行不衰的有以下两种款式。

First 阿兰毛衣 (Aran Sweater)

每个姑娘心中，都有一个重要位置是留给白色毛衣的。它所代表的纯情、干净让人无法拒绝，阿兰毛衣就是这样一件毛衣。简单来说，它就是一件花纹很复杂的白毛衣。

20世纪初，阿兰毛衣诞生于爱尔兰西海岸的阿兰岛。它以白色为主，加入了由复杂的针法编织而成的独特花形。

这种花哨的针织法织就的独特花形起初并不是为了美观，而是家族的象征：每一个家族都有自己的毛衣花形，并且世代相传。

因此，阿兰毛衣也常常用来帮助确认遇到海难的渔民的身份。那些勇敢的渔民即使把性命输给了大自然，身上的阿兰毛衣仍能帮他们的灵魂找到归宿。

阿兰毛衣由未经水洗、带有天然羊脂的羊毛编织而成，因此它的保暖性和防水性都非常好，能有效阻止雨水渗入毛衣，保持毛衣的干爽。在你感到湿之前，它已经吸收了相当于本身重量30%的水分。

20世纪60年代，这种英国渔民的毛衣开始流行于美国。1961年，当身为爱尔兰后裔的肯尼迪竞选成为第35任美国总统，全美瞬间刮起爱尔兰飓风。

与鲍勃·迪伦同一时期的民谣摇滚组合克兰西兄弟（The Clancy Brothers）当年就经常身着清一色的白色阿兰毛衣，带动了彼时全美的阿兰毛衣热潮。

当时的好莱坞硬汉派影星史蒂夫·麦奎因（Steve McQueen）则给这件毛衣增加了更多荷尔蒙的气味，穿阿兰毛衣戴墨镜的他让当时的无数少女倾倒。

如今阿兰毛衣已经失去了家族身份认同的功能，但它代表的渔民的勇敢和海洋的自由一面，使它成为最经典的毛衣款式之一。

Second 费尔岛毛衣（Fair Isle Sweater）

与洁白朴素的阿兰毛衣相比，费尔岛毛衣更像是浮夸的装饰性服饰。费尔岛毛衣因费尔岛得名，这个岛位于苏格兰北部的北海，恶劣的气候及地理环境使得当地渔民创造了这款毛衣。

费尔岛毛衣的用色和图案的设计有很强的规律性，呈横条状排列。

它的颜色丰富，除了乳白、深灰、蜜糖色、褐色等绵羊的本色以外，还有红、黄、蓝等染料色。但每行图案的主色不超过两种，看起来乱而有序。

为了更加保暖，费尔岛毛衣采用复杂的虚线提花编织工艺，由此产生的织物厚度比普通的织物要厚一倍，对于生活在寒冷小岛上的居民来说相当重要。

费尔岛毛衣能真正进入上流社会，还得归功于温莎公爵。

1921年，温莎公爵突然对偏僻的费尔岛产生了浓厚的兴趣，于是，这个男人开始天天穿着当地特产费尔岛毛衣在岛上打高尔夫球。

此举开始风靡英国贵族圈，当时只要是有品位的男人，必须身穿费尔岛毛衣。

虽然保暖防水功能对于如今的日常生活来说已经没那么重要，但以图案为特色的费尔岛毛衣仍然是节假日的畅销款式。

比较经典的图案有雪花、花卉、十字架、麋鹿、心连心、松树等。

很多男人不愿穿毛衣的一大原因是嫌穿上毛衣后显得太臃肿，看上去好像自己穿了很多，显得自己很怕冷。

其实这是一种错觉，只要稍微注意穿搭，再肥大的毛衣也不会让你显得臃肿。

下面告诉各位将毛衣穿好的关键。

①

外套的长度绝对不能和毛衣一样

穿毛衣配外套时，
“长短交错”是避免臃肿感的关键。
在毛衣外穿一件中长款或长款外套，
形成外长内短的反差，视觉上纵向伸展，
能使身材显得修长；
或选择长一点儿的毛衣搭配短外套，
形成另一种错落感。
总之，你的外套可长可短，
但长度绝不能和毛衣一样。

②

衬衫的领子一定要在毛衣里面

内搭衬衫一直是毛衣的标配。
不修边幅的中年大叔
通常会解开衬衫最上面的一颗扣子，
豪放地把领子拽到毛衣外面，
舒服是他唯一的标准；
而姑娘们都爱的文艺男青年
则会把衬衫的扣子扣好，
规矩地把领子放在毛衣里面，
显得非常整洁内敛。

③

裤子选择深色修身款

如果裤子没穿好，同样会显得矮胖。
低裆裤、阔腿裤绝对是禁忌。
搭配毛衣要选深色的修身的裤子，
最好穿短靴，能让腿看起来很长的同时，
有效去除上身的臃肿感。

除需注意毛衣的款式和穿毛衣的细节外，别忘了最重要的一点：材质。一件毛衣外观再好看，如果毛的材质不好，能扎得你无法上身。

毛衣面料从好到差的排序依次是：羊绒—美利奴羊毛—普通羊毛—羊羔毛，下面给男士们讲讲如何挑选一件不扎人的毛衣。

PARKING
SYE5

首选

Baby Cashmere ———— 小山羊绒

这个材质的毛衣，被喻为裸穿神器。小山羊绒来自不足一岁的山羊崽，是贴身的细软绒毛，产自中国北部等地，其纤维内部中空，没有髓质层，保暖性是羊毛的 2—3 倍。

由小山羊绒制成的毛衣，精工级别的细嫩纤维能够直接贴身，好比初春的微风抚摸着你的肌肤。

次选

Merino Wool ———— 美利奴羊毛

这种从美利奴羊身上薅下的羊毛，是除羊绒外最细的羊毛品种。

产地上，澳大利亚产的美利奴羊毛最好，现在全世界有 40% 的美利奴来自澳大利亚；其次是新西兰；再次是南美洲；国内也引进培育了这种羊，但由于水土关系，羊毛品质较差。

相比羊绒，美利奴羊毛的手感和保暖性稍差，但上身后还不至于把你扎到无法忍受的地步。

避免

Wool ———— 普通羊毛

Lamb ———— 羊羔毛

普通羊毛有很多种，例如藏羊毛、蒙古国羊毛、哈萨克羊毛等。但一般衣服的标签上也不会标那么细，基本统一标示为羊毛。

相比美利奴羊毛，普通羊毛手感较差，会扎皮肤，即使是内穿了衬衫，你的脖子还是会被扎到无法呼吸的地步。

还有就是羊羔毛，别以为羊羔的毛就是柔软舒服的，因为其毛纤维短小而粗糙，制成的毛衣，扎人度简直到了令人发指的地步。

所以，男士们记住：Lamb（羔羊）这个词就是代表难受，怕扎的就不要买。

在我看来，毛衣所承载的讲究、体面、朴实、温暖，与男人最原始的精神气质非常契合。无论是穿毛衣的男人，还是织毛衣的男人，都不能被称为“娘炮”。

木心曾说：“穿着讲究是对自己的温柔。”

每一个不畏背上“娘炮”骂名而穿着讲究的男人，都应该得到一个爱的抱抱。

SUIT: POVERTY IS NOT A PROBLEM, BUT LOSING TASTE IS
礼服：你可以穷，但这一套衣服不能输品位

学会穿礼服对男人来说是一件非常重要的事。男式礼服就是更加正式的西装，能够显示对所出席场合及在场人员的尊敬，并体现庄重感。

学会穿礼服对男人来说是一件非常重要的事。如果你是个土豪，有钱又任性，可以略过这篇文章；但如果你觉得有必要遵守社交礼仪，尊重别人，那就别拿无知当个性——在合适的场合穿体面的衣服，才是一个男人的基本修养。

男式礼服就是更加正式的西装，能够显示对所出席场合及在场人员的尊敬，并体现庄重感。根据本人多年的社交经验，穿礼服最重要的原则有以下3点：

01 搞清场合　不同场合有不同的着装标准，穿得太正式会显得太用力；穿得不达标的话，则连门都进不去。

02 了解礼服款式　礼服不是好看就行，每种礼服都有自己的含义。

03 懂得穿搭禁忌　光是知道礼服款式也还不够，图案、颜色也要会搭，并不是把所有衣服穿在身上就行。

接下来就告诉各位3套你们必须了解的基本款礼服。

First 鸡尾酒礼服

鸡尾酒礼服是当今每个男人必备的礼服。

但在讲鸡尾酒礼服前，先要普及一下什么是鸡尾酒会。在国外，鸡尾酒会就是正式活动开始之前或结束之后，朋友或者工作伙伴聚在一起喝酒聊天、吃小点心的社交型集会。在国内，鸡尾酒会可以理解为公司年会或者现代的中国婚礼，有些邀请函上写着“请盛装出席”的活动也可理解为鸡尾酒会。

鸡尾酒礼服就是出席上述场合所需的礼服，正式程度居于日常着装和晚礼服之间。一套标准的鸡尾酒礼服在外观上和普通的西服并没有太大区别，只是在剪裁和时髦程度上更讲究，男士们可以把它理解为高级且时尚的西装。

若是想体面地出席年会等场合，需要注意以下几点。

1 ———— **定做**　这种礼服虽然外形和普通西装相同，但板型更修身，剪裁更讲究，建议最好去定做。

2 ———— **羊毛精纺面料**　鸡尾酒礼服在面料上讲究的是低调和质感，羊毛精纺面料是其中比较好的。

3 ———— **深色系**　虽然鸡尾酒礼服在款式上和普通西服没区别，但在颜色上必须是深色，任何浅色的西服套装都是不被允许进入鸡尾酒会的。

4 ———— **戗驳领**　男士们记住，不管是什么礼服，外套的领型必定是戗驳领。只有戗驳领才是最正统的西装领型，其他的只适用于日常西装。

5 ———— **一粒扣外套**　最正规的鸡尾酒礼服对外套纽扣数的要求是：一粒。

不过鉴于鸡尾酒晚会本身正式度就不高，如果你衣柜里没有一粒扣的西服，那两粒扣或者三粒扣的也可以。

绝对不要穿双排扣。这种款式主要是用于更正

式的场合，穿双排扣礼服去参加鸡尾酒会就好像穿潜水服去跳水一样，毫无意义。

6 ———— **衬衫不要太正式** 与外套的要求一样，由于正式度不高，参加鸡尾酒会不需要穿过于正式的礼服衬衫。只需选一件平日穿的、领子挺拔的衬衫即可。

7 ———— **绝对不要戴领结** 没有人在鸡尾酒会戴领结，过度打扮只会让别人觉得你是个不谙世事的人。一条低调而又不失风度的领带即可。

除了婚礼和年会以外，鸡尾酒礼服还适合生日宴会、新闻发布会等场合，适用面很广。各位男士备这么一套绝对不亏，总能有机会用得上。

Second 塔士多礼服 (Tuxedo)

Tuxedo 可以说是鸡尾酒礼服的豪华版，比鸡尾酒礼服更尊贵。如果你穿上了这套礼服，你的半只脚已经跨入了贵族生活。

Tuxedo 又名半正式晚礼服，最早由英国国王爱德华七世发明。它和鸡尾酒礼服的主要区别在于：它在领面、袋口、长裤两侧有镶缎装饰。

19 世纪初，Tuxedo 仅是一种非正式的礼服，但随着时间推移，Tuxedo 已成为市面上最主流的晚礼服款式，又名 Black Tie（比它更正式的礼服多半已进了博物馆，不具有实用价值）。

在国外，好莱坞男明星出席奥斯卡颁奖典礼、走红毯时都穿 Tuxedo。有些高规格的私人晚宴、舞会等也会要求穿这种礼服出席。

在国内，但凡你去一家定制店跟裁缝说要做套礼服，他们做出来的肯定是 Tuxedo；在国内当下流行的中西合璧的婚礼上，讲究点儿的新郎和伴郎穿的也是 Tuxedo。

作为一个现在还通用的国际化社交着装，为了避免穿错，男士们穿 Tuxedo 时需要知道以下几点。

1 ———— **必须佩戴黑领结** 真正的晚礼服是不能系领带的，只能系领结。而 Tuxedo 的标配是黑色领结。

2 ———— **戗驳领、青果领** 正如讲鸡尾酒礼服时提到的，礼服的领型必须是正统的戗驳领。但 Tuxedo 是一个例外，它不仅能配戗驳领，还能配自己专属的青果领。

在领子的面料上，必须镶上绸缎，这是 Tuexdo 与普通西服最明显的区别。

3 ———— **丝绒面料** 作为最有风度的晚礼服，Tuxedo 还有一大特点：可以选择丝绒面料。现在有很多按捺不住自己的好莱坞明星在出席活动时，都会身穿酒红、午夜蓝、墨绿等反光丝绒面料的 Tuxedo。

还有一点需要注意：使用这种面料时驳领可以不镶缎。

4 ———— **单排扣和双排扣** 和鸡尾酒礼服不同的是，Tuxedo 可以有单排或双排扣的外套。但是穿单排扣外套时必须搭配腰封或者马甲，有教养的男人是不会把自己的裤头轻易露出来的。

需注意的是，站立时，单排扣外套不能系扣；双排扣外套则不同，不管是坐着还是站着，前襟的扣子都必须系上。

5 ———— **礼服衬衫** Tuexdo 在衬衫的搭配上不像鸡尾酒礼服那样随意，此时你该穿的礼服衬衫有两种：

企领礼服衬衫 企领（普通衬衫领型）+ 前胸风琴褶 + 法式双叠袖。

翼领礼服衬衫 翼领（领子上有两个小折角）+ 硬衬前胸 + 法式单叠袖。

6 ———— **绝对不能系皮带** 男士们记住：高级的礼服都是定制，完美贴合你的身形，所以礼裤是没有必要系皮带的。取代你 H 形 logo 土豪皮带的，应该是礼服特用的腰封——用于遮住裤头、缠于腰间的装饰。

现如今，Tuexdo 仍然广泛应用于各种高端场合，男士们很有必要了解清楚，以备不时之需。

有些场合的着装要求如果写着 Black Tie Optional（随意正式礼服）的话，各位男士就不必穿 Tuexdo，只需穿着质量很好的深色西装就可以（比如上面说到的鸡尾酒礼服）。

Third 燕尾服

燕尾服这个名字虽然很耳熟，但也没看到谁在现实生活中穿过。这是最正式的晚礼服，如果不是要去觐见英国女王、参加国宴或者古典舞会，大概一辈子也不会有机会穿上这种礼服。因为燕尾服出现的场合极有限，所以很多人对它的了解非常少。

2014 年纽约大都会艺术博物馆慈善舞会就要求来宾穿燕尾服出席，据说真正穿对的人只有“卷福”（Benedict Cumberbatch）。但作为一个有修养有内涵的绅士，这种位于男装顶点的服饰，即使没机会穿，也有必要了解。

燕尾服最大的特征是形似燕尾的圆弧和开衩状的后背下摆，搭配白领结、双排扣以及三粒扣的小马甲。《泰坦尼克号》（*Titanic*）中，杰克打肿脸充胖子参加上流社会的晚宴时，穿的就是标准的燕尾服。

一套纯正的燕尾服需要具备以下几个要素。

1 ———— **戗驳领、双排扣** 燕尾服只允许使用最正式的男装扣型，扣上包裹缎材，材质与驳领材质相同，颜色必须是黑色。

尽量选择黑色或深蓝色，外套前襟是折角短下摆，“燕尾”的部分应该略高于膝盖。

2 ———— **白领结** 在礼服着装上最易犯的错误就是选错领结颜色。与上文 Tuexdo 又名 Black Tie 相对应，燕尾服又名 White Tie，顾名思义，领结必须是白色。

3 ———— **三粒扣马甲** 燕尾服的马甲与普通马甲不同，男士们可以将其理解为介于腰封和马甲之间的特殊马甲：它更短，以单排居多，颜色必须是白色。

4 ———— **礼服衬衫** 在正式度更高一层的燕尾服套装中，礼服衬衫淘汰了普通的企领衬衫，只有一种选择：翼领礼服衬衫，即翼领 + 硬衬前胸 + 法式单叠袖，和 Tuxedo 搭配的衬衫款式是一样的。

5 ———— **长裤两侧镶缎** 燕尾服的裤装两侧镶有双条缎带，与驳领材质相同。

像燕尾服这种礼服，虽然穿的机会不多，但它背后所代表的社交礼仪你必须要懂，说不定哪天英国女王招待你参加国宴呢？

其实西方社交礼仪中细分的礼服种类还有很多，但根据实际情况，男士们只需掌握以上3款足矣。或许这些礼服你现在还用不到，但如果你一辈子都用不到，那出问题的就是你自己。

懂得社交礼仪，努力维持修养，学会尊重他人，是一个男人应该做的事。请认真学习这篇礼服科普文，并把它收藏起来以备不时之需。

真正决定你能走到哪里的，是你的修养和品位。

UMBRELLA:
THE SWORD OF A MODERN MAN
伞：现代男性手中的剑

伞是一个直男身份的象征。与手表一样，雨伞作为配饰的重要性已经超越了它的实际用途。中世纪的骑士手中握剑，现代男性手中握的是长柄伞。

告诉各位一个真理：伞是一个直男身份的象征。你以为打把超市买的折叠伞无伤大雅，殊不知就是你手上的这把破伞让你被姑娘宣判死刑。一把劣质的伞就像没有修剪过的鼻毛一样，能瞬间摧毁你一身的精美搭配。但一把高档的长柄伞，能让你成为平步青云的人中之龙。让我告诉各位男士为什么你需要一把好伞，以及如何挑选一把好伞。

我直接告诉各位：帅的人都用长柄伞。

与手表一样，雨伞作为配饰的重要性已经超越了它的实际用途。一把好伞除了结实耐用和防水外，还需要有上乘的用料、精致的细节，以及独一无二的手工制作流程。

能作为配饰的高级伞，没有一把是折叠的。折叠伞为了收纳便利而失去了雨伞应有的牢固性，因此制伞者也不会选择用高档的材料来制作折叠伞。

精良的长柄伞，是过去欧洲贵族使用的手杖的改良品。即使不下雨，我也必须带着一把长柄伞出门。这是骑士精神的延续——过去他们拿剑，现在我们拿长柄伞。

长柄伞一直是高贵的象征。劳斯莱斯的车门上就设有放置长柄伞的位置，还带自动烘干功能。这伞不贵，也就10万。

你可能打开它总共不超过6次，但你一年中还是会有超过6个月的时间带着它。长柄伞是唯一一件无需考虑衣着搭配，拿上出门就能秒变绅士的单品。

长柄伞之所以能成为绅士必备品，是因为它传达的是一种安全感。带着长柄伞出门，不仅能保持自身形象的体面，还能告诉别人你是值得信任的人。最起码，你能送姑娘回家。

对于这个陌生的单品，男士们只需记住，决定一把长柄伞档次的，是伞身。一把长柄伞的身价是和伞身材料与制作方法有直接关系的。

长柄伞根据伞身的材质和制作方式，可分为3类。

1 ———— **Tube** 钢管。对，这是一根钢管，伞身由金属材料制成，可以搭配各种材料的伞柄。由于易于制作，价格是最便宜的。我推荐刚入门的男士选择这种伞身的长柄伞。

2 ———— **Stick** 拼接伞身。这类伞的伞柄和伞杆由单独的木料或竹料制成，然后再拼接成伞身。由于用料高档，可以用来当手杖使用。一把伞要想算作奢侈品，伞身为 Stick 是起码的要求。

3 ———— **Solid** 一体成形。这是伞身中格调最高的制作方法，伞身由一整块木料或竹料制成，伞柄和伞杆是一体的。如果男士对自己要求甚高，那就选 Solid。

以上 3 种伞身价格由低到高。其实，各位男士也不用顾虑太多，只要选择自己看中的，拿着长柄伞出门就已经赢在了起跑线上。

说完伞身材质，还要说说伞面，一把长柄伞到了一定档次，伞面材料都是顶级的双层防水布料，男士不需要了解太多，但是伞面颜色必须选黑色。各位男士只需记住：直男打伞，只用黑色，这是色彩斑斓的黑。

制伞的工匠一直低调地做着格调极高的手工雨伞。制伞业其实与西装业一样，一直被两个庞大势力统治着：英格兰与意大利。

英国的 Swaine Adeney Brigg 从 1836 年开始就是历代皇室的伞具供应商。英国皇室的男人们几乎人手一把他们生产的雨伞。

Swaine Adeney Brigg 走的是极低调奢华的路线，秉承“一把伞用一辈子”的理念，伞身全部由纯手工打造，且异常结实牢固。用坏了，还可以送回伦敦总部维修，每一个零部件都可以更换，保修终身。

Francesco Maglia 是意大利百年纯手工雨伞制造商，也是一个家族企业，秉承完全手工制作的理念。位于米兰的工坊内只有 7 个人，分别负责不同的工序；从选布到裁剪，从制作伞骨到伞布缝纫，都有专人负责。每位师傅的工龄都已超过 30 年。

《王牌特工》中科林·费斯不离身的“文明杖”，就是这个品牌的伞。

真正的工匠精神，是要耐得住寂寞，将一生献给一项事业——制伞。

也许当年和你一起躲雨的姑娘已不见踪影，但一把好伞会始终陪伴着你。

制伞的工匠一直低调地做着格调极高的手工雨伞。制伞业其实与西装业一样，一直被两个庞大势力统治着：英格兰与意大利。

BAG: CONVENIENCE, ROOMY, DURABILITY, FASHION
包：便携，能装，坚固，腔调

包，往往容易被男生们认为是女孩子的专属物品，但时代在变化，作为新世纪男性，我们也应该独立自强，我们也要买包包。

包这种东西，如果背不好，不如不背。

包，往往容易被男生们认为是女孩子的专属物品，就像女孩子动不动就说的“伐开心，要包包”。其实一开始，我是听错的，一直以为是“要宝宝”，所以经常出现一些不必要的误会，被迫处理了一些不必要的麻烦。

以前说起男生买包，无非就是工作的买一个公文包，上学的买一个书包而已。其实，选包也是一件非常难的事情，因为有太多的款式和名称是糙汉们无法搞清楚的。随身带包还容易被人认为是“娘炮”，尤其是把包包挂在自己胳膊肘内侧还跷个兰花指的花样男子。

时代在变化，作为新世纪男性，我们也应该独立自强，享受自由表达的权利，勇敢撑起半边天。旧的时代已经过去了，平等的大旗迎风招展，我们既要经济独立，也要人格独立，我们也要买包包。

一个事业型男人，肯定离不开电脑、记事本、驾驶证、充电宝。这时候，一个刚好能够容纳随身物品的包包就显得非常重要了。

在我看来，一个正确的基本款男包，应当坚持以下 4 个原则。

1 ———— **便携** 最重要的是不妨碍手做其他事情，尤其是需要在地铁或巴士上随时单手掏东西的“痴汉”。

2 ———— **能装** 能根据需求装下足够多的物品，不同类型的物品有专门存放的地方。

3 ———— **坚固** 不能太娇气，可以抵御包内物品滚动蹂躏的包包才是真正的好包包。

4 ———— **腔调** 包带可以是身上形式感最强的物品，应与全身上下的着装有所呼应又能保持足够的低调。

First 公文包 (Briefcase)

提到男包，公文包就是绕不开的话题，在传统商场二层男装区的语境下，男包就等于公文包。公文包的传统外形特征是一个提手加一个带盖子的包，一定是纯皮面料。

对于一个上班族来说，上下班需要携带一些书本文件，确实免不了需要一个带盖的、外壳比较坚固的包来保护脆弱的纸制品。不过现在越来越多的人使用电脑工作，所以公文包也做得越来越大、越来越坚固。

用这种包要走极端，要么就特别新特别亮，浑身油光水滑，给人上流社会的感觉（切记，非贵公子的普通小青年不要随便拿这样亮眼的鳄鱼皮公文包，容易挨揍）；要么就特别破特别旧，使劲蹭，使劲用，怎么旧怎么来，反正你们要追求复古感。

街上穿西装等公交车的CBD（中央商务区）贵族，手里往往会提一只PU（聚氨酯）材质的黑色公文包，亮闪闪的镀铬搭扣呈现出一丝城乡结合的朴实——其实完全可以不选择搭扣款式，而是选择形式感更强的带扣款式。

除功能性以外，对于一个刚刚走出校门的学生来说，跟着领导出去谈生意的时候，确实没什么更好的手段能立刻让你显得很专业。但你可以先买上一个专业的公文包，让自己变得好像很专业的样子。

建议上班族买一个。在工作需要穿正装套装的情况下，公文包是搭配正装最安全的包。只是需要好好地选一选款式，有时候出格一点儿也不错，总之需避免商场二层男装区那种浓郁的县城气息。

Second 邮差包 (Messenger Bag)

邮差包源自当年每天都需要骑车送信的邮差大哥用的包，特征是一条背带加一个盖子，也被称作单肩包。邮差包是最舒服简单的日常通勤用包，不仅可以使用背带背着走，还可以直接提着走。

如果需要长时间坐地铁或者骑车出行的话，一定要选一个邮差包：有足够的收纳空间，同时还可以解放双手。一个大邮差包可以装下非常多的随身物品，可以随随便便地和几乎所有衣着风格搭配，可手提可肩背，非常随性。

如果出行路途较近，不需要长时间肩背的话，材质可以选择皮质：形式感更强，但是背负感很差。还有棉制邮差包，背负感同样很差，但是街头风格强烈，可谓抛弃实用性追求风格性。五颜六色的剑桥包（Cambrige Satchel）也可以看作是邮差包的一种。如果路途较远或者经常骑车，建议选择尼龙材质、包带上有衬垫的款式，这样可以把包带收得更紧，不会勒肩，也不容易被偷。

Third 双肩包 (Backpack)

平心而论，双肩包是最适合携带电脑的包，方便到可以把电脑装进去，一辈子也不用再拿出来，也是完全可以解放双手的包。还可以背上它再骑上你的 28 自行车，寻找快递员的感觉。

同样都是装电脑，为什么不选一个更好看的双肩包呢？颜色可以出格，但最好款式简单，比如包盖上挂两条带子，正儿八经的传统书包造型。还可以选择合适的防水面料，日常背着走来走去，即使下小雨也不需要做特别处理。

同样推荐皮质的复古背包，破破旧旧的感觉配上牛仔裤，给人以既踏实又有个性的印象。还可以选择大牌的双肩包，除了贵以外一切都很好。

Fourth 旅行包 (Duffle Bag)

Duffle Bag 是以粗呢面料命名的款式，近年多用来泛指圆筒形的手提包，是在国内较少被人使用，但却最值得普及的一款包。尤其是对经常需要短途出差旅行的男士来说，圆筒形手提包可以容纳足够一周旅行用的衣物，最大的好处是可以直接带上飞机客舱，不需要托运，非常节省在机场的排队时间。

同样，健身跑步运动时需要多带的一两双鞋子、几件衣服，也完全可以装到旅行包中。在装满的情况下，单手提着会显得非常有型，走起路来呼呼带风。不过，一旦没装几件东西，就千万不要拿旅行包出门，瘪着很难看。听说有很多潮人是用泡泡纸塞在包里撑起形状的，真是佩服他们奇思妙想的能力。

旅行包推荐全皮款式，拎起来非常有气势，尤其是从后备厢里面掏出来的时候，当然，车要好。

Fifth 手提袋 (Tote Bag)

出门买菜的时候拿什么包？当然可以只带一个钱包，但是对于想省掉买塑料袋的环保人士来说，必须要有一个可以用来彰显自己环保意识的手提袋才行。比如帆布包就挺好，上面简简单单印一些图案、印一些莫名其妙的文字。

同样都是手提袋，前卫大牌、暗黑潮牌出品的手提袋能装 10 斤土豆、3 个大西瓜，“妈妈再也不用担心我的包装不下”了。

圆筒形的手提包，是在国内较少被人使用，但却最值得普及的一款包。尤其是对经常需要短途出差旅行的男士来说，圆筒形手提包不仅可以容纳足够一周旅行用的衣物，还可以直接拎上飞机，省去办托运的时间。

GGIO

COAT:
WHOEVER WEARS IT LOOKS WEALTHY
大衣：为什么穿大衣的男人看起来很有钱

在北京有句俗话:“狂不狂,看米黄。”“米黄”就是大衣。男人冬天穿大衣,才是身份的象征;冬天穿大衣的男人，才是狠角色的代表。

在北京有句俗话：“狂不狂，看米黄。”“米黄”就是大衣。男人冬天穿大衣，才是身份的象征；冬天穿大衣的男人，才是狠角色的代表。

Overcoat（大衣），19世纪中期传入我国。大衣款式较长，及膝或延至膝盖以下。布料厚重，多为厚毛呢，适合深冬穿着。

和满大街的羽绒服比起来，大衣才是最正统的冬季绅装外套。大衣从发明至今，款式间的差别已日趋模糊，但还是可分为最经典的3大类。男士们只需看懂这3类，就能双手在空中画个半圈，将大衣披在身上潇洒地出门了。

First 切斯特菲尔德大衣 (Chesterfield Coat)

Chesterfield Coat是最早、最正统的大衣，现有其他大衣的款式基本上都由它演化而来。

你人生中的第一件大衣，必须是它。

Chesterfield Coat最初的设计源于礼服。19世纪30年代，英国绅士衣着干练考究，无论在室内还是室外都时常礼服加身。

但伦敦冬天阴冷潮湿的天气，让英国绅士感到苦恼：要在室内穿着得体，在室外就要受冻。

于是，第六代切斯特菲尔德伯爵就以当时的礼服为原型，设计出穿在礼服或正装外的Chesterfield Coat。

Chesterfield Coat的外形很好认，在绅装中，所有的男式外套基本都万变不离其宗，男士们可以将Chesterfield Coat理解为加长加厚版的西服外套。

但倘若你想穿上最正宗的Chesterfield Coat，以下几个小细节需要注意。

1 ———— 长而厚重

作为大衣的开山鼻祖，Chesterfield Coat面料厚重，以大气的黑灰等深色为主。最正统的Chesterfield Coat是羊绒面料，羊绒的含量决定着保暖性。如果是成分不含羊绒的毛呢面料，克重应在600克至900克之间。

长度上，Chesterfield Coat分为长款和短款。长款一般长至膝下5cm处；短款则在膝上5—8cm处。

2 ———— 利落的腰线

Chesterfield Coat的设计源于礼服，虽然在礼服的基础上取消了腰部的接缝、缩短了长度，但仍然有着明显的收腰轮廓。这样，即使里面衣服的层次再多，在利落的收腰下也不会有臃肿的感觉。

3 ———— 小平驳领，翻领部分可拼接丝绒

绅装文化中，男式上衣的衣领有很大的讲究，不同的外套对领型的要求也不同。

一件标准的Chesterfield Coat应该是精致的平驳领。

在法国大革命期间，英国贵族阶级将黑色天鹅绒元素用在Chesterfield Coat大衣上，作为悼念在法国被处决的贵族亲属的标志。后

来，这种丝绒的翻领逐渐演变成为贵族穿着 Chesterfield Coat 的标配。
尽管现在丝绒翻领已经不再流行，但倘若你看见一个男人的 Chesterfield Coat 有着蓝黑色的丝绒翻领，那他一定是位非常有品位的绅士。

4 ———— 票袋
与其他 Old School（老派）的绅装上衣一样，Chesterfield Coat 在右侧口袋上方也设有票袋。这个最早用于装歌剧票的设计一直沿用至今，已成为男性讲究生活品质的象征，而有兜盖的设计也更为正式。

5 ———— 单排三粒扣
虽然 Chesterfield Coat 发展到现在，单排扣、双排扣的都有，但最正统的 Chesterfield Coat 一定是单排三粒扣。
单排三粒扣的款式更适合 Chesterfield Coat 的贴合剪裁和利落线条。

在搭配上，男士们请记住一点：Chesterfield Coat 里必须配绅装。
Chesterfield Coat 作为最正式的大衣，诞生之初就是为了穿在西装或者礼服外，更适合搭配只属于男人的衣服：绅装。所以，千万不要让人看到你脱下 Chesterfield Coat 后，里面穿的却是一件运动 T 恤的惨状。
作为大衣鼻祖的 Chesterfield Coat 是每个男人的必备款，但略显低调的外形有时并不能满足男人在冬季释放荷尔蒙的所有需求。
接下来我给男士们介绍衣橱里必备的第二件大衣。

Second Polo 大衣 (Polo Coat)

Polo Coat 是男人有腔调的大衣。
与低调的 Chesterfield Coat 不同，Polo Coat 的外形霸气外露。
高级的土黄色驼绒面料外加双排扣大翻领，但凡在分泌雄性激素的男人都会忍不住披上它。
Polo Coat 源自英国贵族运动——马球。它最初是英国马球球员等待上场或中场休息时用来保暖的大衣，因此它被称为 Polo Coat 或 Wait Coat。
著名马球手汤米·希区柯克（Tommy Hitchcook）在梅道布鲁克跑马场穿了它，在当时的贵族圈引起了小风潮。
他在美国上学的弟弟十分喜欢，于是也定做了一件，并穿到了耶鲁校园。
很快，这阵旋风席卷了美国高校。
1929 年 11 月，在耶鲁大学的橄榄球比赛中，观众席上一片 Polo Coat，马球驼毛外套已成为 Ivy Style——常春藤校园风的标志。
同样，在多年演变中，Polo Coat 的外形定义也变得越来越模糊，但以下 3 点还是一款经典 Polo Coat 的必备要素。

1 ———— 驼绒质地，多为驼色和黄色
最初的 Polo Coat 是以驼绒制成的。但纯驼绒在袖口和领子上磨损得很快，所以通常会将织物与 50% 的原始羊毛或者涤纶混合在一起，做成更为耐磨的驼绒毛呢面料。
在颜色上 Polo Coat 一直以经典大气的驼色为主。这种驼色能很好地平衡男士们日常所穿的棕色、蓝色、灰色服装。

2 ———— 双排扣，戗驳领
和 Chesterfield Coat 小平驳领不同，Polo Coat 习惯以宽大的戗驳领装饰自己。
在扣型上，最原始的 Polo Coat 无扣，只配有一条腰带，但在成为男士必备大衣后，逐渐演变成以双排扣为主。

3 ———— 大贴兜
Polo Coat 最明显的标志就是下摆上硕大的贴兜。
与 Chesterfield Coat 不同，Chesterfield Coat 的兜是挖兜，Polo Coat 是贴兜，使大衣看起来多了点儿休闲的味道，适合更多场合。

Polo Coat 的搭配要求也相对随意，正装休闲装均可。虽然不像 Chesterfield Coat 那样正式，但也不能过分，如果里面直接穿的是 Adidas 连帽卫衣、梭织夹克，甚至冲锋衣，都可以脱下来一并烧毁。
休闲款式的牛仔套装和休闲宽松的羊毛衫都是男士们的好选择。
Chesterfield Coat 属于大衣鼻祖，很多不懂大衣的人随便买一件，就是 Chesterfield Coat 的板型。但 Polo Coat 则不同，如果你有一件标准的 Polo Coat，那你可以毫无压力地称自己为一名男装爱好者。

Third 牛角扣大衣（Duffle Coat）

Duffle Coat 是 3 种大衣中最为休闲的大衣款式，也是英伦学院风的代表。
Duffle Coat 与前两款在外观上有显著的不同：宽松的直筒型，加上标志性的牛角扣让 Duffle Coat 非常易于辨认。
最初 Duffle Coat 是用来自比利时安特卫普达夫尔（Duffel）镇出产的粗呢面料制作的。18 世纪末，英国裁缝约翰·帕特里将这种面料和牛角扣大衣的设计引入英国，且将 Duffel 误拼为 Duffle，于是后世便沿用了这个名字。
后来，英国陆军元帅伯纳德·劳·蒙哥马利（Bernard Law Montgomery）将军为了让部队官兵更容易辨认出他，曾多次穿着牛角扣大衣。所以 Duffle Coat 也称为蒙哥马利大衣。
演变至今，Duffle Coat 已经不再是渔民和士兵的工装，而是成了英伦校园风的代表。
在这里，告诉男士们一件标准的 Duffle Coat 应该具备的 5 点。

1 ———— Duffle 粗呢面料

最正统的 Duffle Coat 是用一种每米重约 963 克至 1050 克的双面粗毛呢布料制成的。这种羊毛呢布料带有一种特殊的斜纹结构，最初被英伦半岛渔民采用，防水又保暖。

2 ———— 连帽

Duffle Coat 是大衣中少见的带有连帽的款式。大大的帽子不仅为了防风御寒，还可以让戴着军帽的士兵同时也能戴上大衣连帽。

3 ———— 用线绳或皮绳固定的四枚木质或牛角纽扣

这是 Duffle Coat 最重要的特征。
正统的 Duffle Coat 的牛角扣一定是由木质或者真正的牛角制成，目的是让当时“二战”中的英国士兵在寒冷的环境下不需要摘下手套就可以将衣服解开。
粗犷的麻绳或皮绳将牛角扣固定得十分牢固，让 Duffle Coat 在实用的同时，还散发着一种源自大自然的粗粝感。

4 ———— 两侧大贴兜

Duffle Coat 两侧与 Polo Coat 相同，配有大容量的贴兜。

5 ———— 里衬为苏格兰格纹

作为英伦校园风的代表，苏格兰格纹的里衬是它身份的标志。
虽然 Duffle Coat 曾作为军装使用，但它温柔的外表也使它成为最难穿搭的大衣，因为穿错很容易显得自己像个妈宝（什么都听妈妈话的孩子）。所以穿 Duffle Coat 时一定要注意：避免紧身款。Duffle Coat 的外形已经很复杂了，再选择收腰的紧身款式就会显得不伦不类，像一个青春期正在长身体的初中生。
经典的宽松直筒款式才是能将 Duffle Coat 穿出随意感的关键所在。

以上就是我所要讲的大衣基本款。据我所知，拥有这 3 款大衣的男人，绝不会穿羽绒服。
其实男人最大的问题在于懒。只要能躲在自己的舒适区内，穿得再丑也无所谓。但其实旁人一眼就能看穿：你那件一整个冬天都脱不下来的黑色羽绒服里，藏着的是满地垃圾的卧室和毫无激情的生活。
别让衣服出卖了你的灵魂。

MAGNOLIA

FLANNEL:
HIGH LEVEL OF MEN'S FABRICS
法兰绒：绅装领域高位

他说，早过了求新求异的年纪，当过尽千帆之后，就只有灰色法兰绒留了下来。灰色法兰绒不会让任何一个追求经典的男人失望。

刚接触绅装时，相信你和我一样，也曾痴迷于精纺面料的光泽度，执着于 Tweed（粗花呢）的粗犷感。直至登堂入室，才发觉真正绅装大咖所钟爱的，往往是平凡中见惊奇的，例如——灰色法兰绒。

我有一位香港朋友，是绅装行尊。老先生衣橱里一百来套绅装，除了几件夏天的亚麻和春天的四季款精纺，剩下全是灰色法兰绒绅装。

他说，早过了求新求异的年纪，当过尽千帆之后，就只有灰色法兰绒留了下来。

为什么是灰色法兰绒？他只说灰色法兰绒就像文学爱好者的《红楼梦》，是绅装爱好者永恒的课题。

First 最经典的日常绅装

灰色法兰绒不会让任何一个追求经典的男人失望。

穿灰色法兰绒绅装的男人，是一个时代的标签。

直接将灰色法兰绒绅装标签化的，是奥斯卡影帝格里高利·派克（Gregory Peck）主演的《穿灰色法兰绒套装的男人》（*The Man in the Gray Flannel Suit*）。

电影主人公拉斯先生家庭美满，并在大公司担任要职，1953 年就拿到 7000 美元年薪，在当时，约能兑换 18200 元人民币。要知道那个时代中国人均年收入才 100 来块，他可以说是美国中产阶级的代表。

他每天最爱做的事，就是穿着灰色法兰绒绅装喝马天尼鸡尾酒，妥妥的人生赢家。

就像《穿普拉达的女王》（*The Devil Wears Prada*）中，Prada 象征着 21 世纪进入精英社会的门票一样；拉斯的灰色法兰绒绅装，从 20 世纪中期开始也成为精英的标签。

穿灰色法兰绒的男人不盲目追随潮流，所以才能永居绅装领域高位，不被时代淘汰。

Second 面料花色玩味无穷

如果说名人加持显得有些务虚，那灰色法兰绒不可复制、变化无穷的颜色，则是能证明其经典的铁证。

拿起灰色法兰绒仔细端详，你会发现，好的灰色法兰绒，不是纯净的灰，而是一种有点像雨花石一样的哑光且斑驳的灰。其他面料无法复制。

这和法兰绒特殊的混色染布工艺有关。

面料的染色方法通常分为 3 种：

01　纺纱前，对羊毛纤维进行染色；

02　织成面料前，对纱线进行染色；

03　面料织成后，对面料成品进行染色。

混色染布工艺就是第一种，即在羊毛纤维上染色。这种工艺能够让面料最终呈现出一种极细密的明暗交织效果。

法兰绒表层绒毛会将纺织痕迹抹去，使面料看起来具有哑光、柔和的效果。

这种独特的法兰绒灰，是盛气凌人的纯色精纺面料所没有的，备受绅装爱好者喜爱。

Third 灰色法兰绒小贴士

如果不常穿法兰绒面料，杜少有几个小建议供大家参考，避免走弯路。

①

360 克上下的法兰绒最适宜

与所有面料一样，选择克重是第一步。
当季穿着法兰绒套装，面料尽量选择克重大一些的，
360 克上下是一个非常平衡的选择，
保暖度和抗皱性都非常好。
即便是裤子，也不要选择低于 300 克的，否则不结实。

②

精纺法兰绒和粗纺法兰绒按需选取

法兰绒是由表面是否磨毛定义的，
所以精纺面料和粗纺面料都可以用作原料。
不过这并不代表二者品质相同。
精纺和粗纺最大的区别在于，精纺多了一步精梳流程。
经过精梳后的羊毛纤维更加纤长，所以精纺面料细密紧致；
而未经精梳的粗纺面料则富有绒感，非常松软。
所以精纺法兰绒相对结实一些，
小心地穿着，几年都不会坏。
而粗纺法兰绒耐用度就差一些，
但更加松软，摸起来更舒服。
因此，如果在意耐用度，就选精纺法兰绒；
如果想体验法兰绒最原汁原味的松软触感，
就选粗纺法兰绒。

③

灰色法兰绒裤子最好搭配

灰色是中性色，极易搭配；
同时，法兰绒的绒感也让灰色法兰绒裤子更柔和、易搭。
所以在服装搭配上，
多备几条不同深度的灰色法兰绒单裤准没错。
不过，无论是精纺法兰绒还是粗纺法兰绒，
和其他羊毛面料比起来都很不结实，
尤其是应用在摩擦较多的裤装时，更容易出现磨损。
建议尽量不要连续穿着，这样可以有效延长使用寿命。

经典的装束一定有其过人之处，如果你要尝试一套绅装，灰色法兰绒是不错的选择。
不管是 18 岁的男人还是 80 岁的男人，灰色法兰绒之于你都不仅仅是一件普通的衣服，而是一生的战袍。

HAT: BECOMING MATURE BY COLLECTING 4 OF THEM
帽子：集齐 4 顶绅士帽，就是熟男了

懂不懂绅士帽，是判断一个男人是否成熟的关键。如果棒球帽是男人青春热血的证明，那绅士帽就是男人成熟与克制的表现。

现在的小屁孩儿为了 Keep Real（保持真实），都快把棒球帽戴烂了。

他们一身潮牌，将脸埋进胳膊肘中，双手使劲比出某种自己也不明白是什么意思的帮派结印手势，最重要的是头顶的棒球帽打下的阴影必须遮住双眼，好像只有这样才能召唤出大自然的 Real 之魂似的。

如果你也有戴棒球帽的习惯，没关系，这是街头精神的表达。但如果说到帽子你只知道棒球帽，那就该反思一下你对自己的着装要求是否还停留在中学时代了。

事实上，除了棒球帽，属于男人的帽子还有很多，我把它们叫作绅士帽。

懂不懂绅士帽，是判断一个男人是否成熟的关键。如果棒球帽是男人青春热血的证明，那绅士帽就是男人成熟与克制的表现。

提到绅士帽，男士们的第一反应可能是魔术师手中可以抽出兔子、放飞鸽子的御用道具——Top Hat（大礼帽）。

尽管是最为正式的礼帽，但 Top Hat 现在除了出现在英国皇家赛马会（Royal Ascot）上之外，已无用武之地。但作为绅士帽的祖宗，Top Hat 发展出了很多衍生品，这些绅士帽现在依然是男人帽饰的主力军。

以下 4 款日常可以戴的绅士帽值得选择，如果能驾驭这几种款式，才有资格说自己是 Real Man（真男人）。

First 平顶鸭舌帽 (Flat Cap)

Flat Cap 是最常见的绅士帽，它是来自工农阶级男人的怒吼。

Flat Cap 帽顶是一片式的平顶设计，帽身多呈椭圆形或近似圆形，帽身前段常有按扣和帽檐相连。在维多利亚时代，上流社会男人戴的帽子叫 Hat，而干体力活儿的工农阶级戴的帽子叫 Cap，从名称 Hat（全檐帽）和 Cap（鸭舌帽）就可以看出外形的区别。

Flat Cap 最大的特点是前面硬直短小的帽檐像鸭子的嘴，所以叫鸭舌帽。这种帽子来自英国。Flat Cap 最早可以追溯到 14 世纪，在当时的英格兰、苏格兰甚至意大利都可以看到，但当时并未盛行。直到 1571 年，为刺激羊毛市场交易，英国议会通过了一项法案：除了贵族与上层社会男性，所有 6 岁以上男性在周日与假期必须佩戴羊毛制造的帽子，违者罚款。就是这项提案，使 Flat Cap 成了维多利亚时代工农阶级的标配。

由于其他款式复杂且不方便，淳朴的劳动人民多用羊毛制成 Flat Cap，以至于依据当时种种底层职业发展出很多名字：Golf Cap（高尔夫帽）、Cabbie Hat（出租司机帽）、Fisherman's Cap（渔夫帽）等。虽然款式略有差异，但都是由 Flat Cap 发展而来的。对帽子情有独钟的英国绅士见这款帽子还挺好看，也不管阶级界限了，就将一些材质上乘、制作精致的改良版鸭舌帽用于打猎和高尔夫等户外运动。

Flat Cap 的材质多变，包括羊毛、棉等；不太常见的面料包括皮革、亚麻布、灯芯绒；最传统、最经典、最常用的面料当属斜纹粗花软呢。

由斜纹粗花软呢制成的 Flat Cap，收纳时可以相对随意地堆放，只要料子好，不用担心走形。

至于该如何戴好 Flat Cap，男士们先别急，看完下面这顶由 Flat Cap 衍生出的帽子，我会一并告诉你们。

Second 报童帽 (Newsboy Cap)

Newsboy Cap 是 Flat Cap 的升级版本。

从体形上看，Newsboy Cap 要比 Flat Cap 大很多，但二者的区别不仅仅在于大小。和 Flat Cap 的一片式平顶设计不同，Newsboy Cap 是八片式结构，由八块布拼接而成，顶部中间有个连接着八块布的纽扣，所以也称 Eight-piece cap（八片帽）。

把 Newsboy Cap 单独拿出来说，还是因为那位近代男装开山鼻祖——温莎公爵。作为一代男装 Idol（偶像），温莎公爵穿啥啥火。在当时，上流贵族都戴正式礼帽，对那些劳动人民的物件当然瞧不上眼。但温莎公爵口味奇特，就是偏爱 Newsboy Cap——连站在英国王室最巅峰的男人都戴这种帽子，Newsboy Cap 必定进入经典绅装的行列。

如今，Flat Cap 和 Newsboy Cap 已成为最常见的绅士帽款式，但在佩戴时也要注意以下 3 点。

1 ———— 选皮质或斜纹粗花软呢面料

Flat Cap 和 Newsboy Cap 源自英格兰，由代表英伦风格的斜纹粗花软呢面料制作再合适不过；皮质看起来尊贵且有质感，休闲的款式搭上精致的面料，堪称完美。

2 ———— 搭对西装

最传统的 Flat Cap 和 Newsboy Cap 是斜纹粗花软呢材质，上面多有格纹。所以，要么搭配同款格纹的西装，要么搭配素色的、轻薄款的西装。否则看起来比较老旧和厚重。

3 ———— 大圆脸不要选

选帽子最重要的还是要与脸型相匹配。Flat Cap 由于其平顶设计，所以更适合长脸，圆脸、大脸戴起来只会起反作用，建议别选。而 Newsboy Cap 虽然帽型够大，但是也会让圆脸圆上加圆，建议也别选。

Third 费朵拉软呢礼帽 (Fedora)

每一位浪子，都必须拥有一顶 Fedora。

Fedora 是出镜率最高的全檐绅装帽，它由软呢布料制成，冒顶凹陷，两边帽檐微翘。

我之所以说 Fedora 适合浪子，是因为它女性化的血统。Fedora 起初是一个姑娘的名字，这个姑娘是 19 世纪末一部歌剧里的女主角，她头戴的那顶帽子在演出结束后流行了起来，因此将之冠以她的名字。

之后，随着时间的推移，便有了略带阴柔美的绅装帽 Fedora，只要是戴 Fedora 的男人，都特别懂女人。历史上所有能勾走姑娘们魂魄的浪子，全戴 Fedora。20 世纪最迷人的男人约翰尼·德普（Johnny Depp），就是靠 Fedora 将自身的硬汉气质与阴柔气质完美融为一体的。

在电影《卡萨布兰卡》（*Casablanca*）中，男主角亨弗莱·鲍嘉（Humphrey Bogart）习惯把下巴藏在竖起领子的 Trench Coat（战壕风衣）中，他深邃的双眼则由 Fedora 来遮挡。迈克尔·杰克逊（Michael Jackson）唱《危险》（*Dangerous*）时抛出的那顶黑帽子，也是 Fedora。此外，禁酒令时期“情人节大屠杀”的主谋，又因忠于道义而被市民誉为“现代罗宾汉”的芝加哥黑帮大佬阿尔·卡彭（Al Capone），头上戴的也是 Fedora。

不过在懂女人之前，你必须先懂 Fedora，一顶质量上乘的 Fedora 必须满足以下 3 点。

1 ———— 软 男人就是喜欢能一手掌控且柔软的东西，Fedora 就戳中了男人的兴奋点——易操控、好管理。一顶好的 Fedora 的帽檐宽而平，且必须柔软，以便在不使用时可以折起来放在公文包里。

在 Fedora 的面料上，一定要选择 100% 的天然羊毛毡软呢。那些 99% 涤纶加 1% 羊毛的合成材料就不要选，一是影响 Fedora 柔软的触感，二是戴起来既扎也不保暖。只有天然的羊毛毡软呢，才可以随意揉捏，并固定成你喜欢的形状，最后还可以轻轻一拍变回原样。

如果当你从公文包里拿出 Fedora 时，上面的折痕不会消失，那你可以像迈克尔·杰克逊那样，把这顶帽子扔了。

2 ———— 拿得起、放得下 所谓“拿得起、放得下”就是方便摘戴。虽然年代久远，但 Fedora 的造型必须符合人体工程学设计——帽子顶部呈前尖后圆的水滴形状，帽冠两侧有锥度。

顶部前尖后圆，加上两侧捏过的锥度设计，可以让绅士们只用“三点式指法”就能轻易将帽子摘下。加上柔软的半毛毡，能让手指瞬间找到该放的地方。

这对于有教养的绅士来说，简直就是福音：方便一天几十次地向姑娘脱帽介绍自己。

3 ———— 缎带不能马虎 一般中低档的 Fedora 帽冠底下的缎带是用胶水粘的，而讲究的 Fedora 帽的所有材质的结合处都是靠线缝，类似缎带之类的地方一定是要用手缝的。

知道如何挑选 Fedora 后，佩戴时也有几点需要注意。

①

夏季不要戴

毕竟是软毛呢的帽子，夏天戴着即便你不热，
别人看起来也会热，男士们可以选择外形相同、
由草编的 Panama Hat（巴拿马草帽）替代 Fedora。

②

Fedora 和墨镜二选一

头上出现两个配饰看起来会太过用力，
毕竟两者有共同的属性——遮阳。
所以，戴 Fedora 时就别戴墨镜了。

③

别认错

刚开始戴绅士帽的男士经常会把 Trilby（爵士帽）
和 Fedora 搞混，Trilby 的帽檐比 Fedora 的更短，
且上翻。相较于 Fedora，Trilby 的流行感太强，
戴上不够稳重，因此我更倾向于 Fedora。

Fourth 洪堡帽（Homburg Hat）

如果说戴 Fedora 是代表着懂女人，那么戴 Homburg Hat 的男人，看上去则更注重自己的事业。让这顶帽子在世界舞台上站住脚的是两个将自己事业做到巅峰的男人：一是教父，二是丘吉尔（Winston L. S. Churchill）。

在电影《教父》（*The God Father*）中，这种毡帽像制服一样出现，成了 20 世纪 40 年代黑帮角色的标准银幕着装。所以，Homburg Hat 也多了一个名字，叫作 Godfather Hat（教父帽）。

丘吉尔就更不必多说，作为“二战”时期的帽子 icon（偶像）、人类历史上帽子最多的国家领导人，Homburg Hat 在他头上的出镜率最高。

总是有人说，丘吉尔戴的这顶帽子是 Fedora。虽然说全檐绅士帽在形态上都很像，但是 Homburg Hat 和 Fedora 有质的区别：Homburg Hat 更硬。

Fedora 是软呢帽，而 Homburg Hat 是硬质毡帽，无法折叠，帽檐边缘上翻。

此外，Homburg Hat 的帽顶是一字凹形，只有一个深深的凹痕，没有锥度；而 Fedora 的帽顶是水滴形，有锥度。

最重要的一点是，Homburg Hat 的正式程度仅次于 Top Hat，是你能戴出门的最正式的帽子。

最初 Homburg Hat 的走红，是因为英国皇室的一次“海淘”。当时国王爱德华七世还是威尔士亲王的时候，他在德国的 Bad Homburg（巴特洪堡）镇，发现了一家帽子店——Möckel，店里有一种当地制作的与众不同的帽子——Homburg Hat。

时尚嗅觉敏锐的爱德华七世，将这个从德国淘回来的帽子送给了自己的孙子——爱德华八世——对，就是那个“男装造物神”温莎公爵。这顶充满乡土气息的帽子深受温莎公爵的喜爱，他随后进行了一系列的亲自穿戴，并出现在各大社交场合，为这顶帽子代言。Homburg Hat 从此风靡欧洲。

作为最正式的绅士帽之一，男士们佩戴 Homburg Hat 时必须注意以下几点。

①

搭配正装

Homburg Hat 作为现在能戴上街的最正式的绅士帽，
即使你不穿礼服，最起码也要搭配正装。

②

用专门的收纳箱收纳

因为 Homburg Hat 是硬毡帽，
不像 Fedora 等软呢帽可随意收纳进公文包里，
所以一定要用专门的绅士帽箱收纳，否则戴了这次没下次。

③

有胶水的 Homburg Hat 不要选

好的绅士帽不一定是纯手工制作，但一定要有手工的成分。
连接处用胶水粘的话一定不是好的绅士帽，特别是像
Homburg Hat 这种硬毡帽，用胶水粘会很方便，
但是一定不要选。好的帽子可以戴一辈子。

作为当今最正式的帽子，Homburg Hat 的出镜率并不高，但有实力的你也不妨备一顶，万一哪天英国女王邀你去吃顿晚饭呢？

以上这 4 顶绅士帽，男士们可以“点击收藏”，根据不同场合需求慢慢准备齐全。毕竟理解并运用经典的过程就是男人成长的过程，这需要时间。

一定要记住：除了满大街的棒球帽，你还有很多选择。

一个男人成熟的标志，是不再随波逐流。因为这个时代最后淘汰的，都是只会顺应潮流的人。

SCARF: EASIER IS HARDER
围巾：越单纯越难追

围巾就像那些看上去单纯的姑娘，越单纯越难追。

围巾就像那些看上去单纯的姑娘，越单纯越难追。

围巾并不像衣服或者其他配饰那样有复杂的剪裁，它其实就是一块长方形或正方形的布料。围巾虽然简单，但若想选一条适合你的好围巾，关键在于以下两点。

First 选择适合自己的颜色

对于那些把一大堆高亮度彩虹色往自己身上招呼的男人，我实在不忍直视，这样的男人浑身只写着两个字：肤浅。对色彩有掌控力的男人，却不那么容易，才能掌控围巾的奥义。

1 ———— 首先要适合你的肤色

如果你皮肤偏黑，即使你再喜欢那些鲜艳的玫瑰红、芥末黄、荧光橙，也请你克制住自己，别选。即使再好的面料，配上这些艳丽的颜色也会显得你毫无品位。

也不要选择土黄色、浅咖啡色等一切近似于自己肤色的颜色。那样看起来不仅顺色，而且会显得你很脏。

除了灰黑色系，深蓝色、暗红色、墨绿色等颜色，都是与偏黑的皮肤搭配度很高的颜色，看上去很高级。如果你皮肤偏白，更大胆的红、粉、黄都可以试试，毕竟皮肤白是你的优势。

2 ———— 选择适合衣服的颜色

如果你的衣服颜色鲜艳明亮，特别是在裤子和衣服撞色的情况下，千万不要再搭配一条颜色夸张的围巾，那样会让你看起来像一个俗气的浪子。建议选择中性的颜色，例如灰黑色调。

如果你衣服的颜色以深色或大地色为主，可以选择同色系、同色号颜色的围巾；也可以选择颜色明亮的围巾，例如高级的猪肝红、芥末黄或者浅卡其。

Second 选羊绒和丝绸面料

颜色是围巾的基础，而面料则是体现你品位的关键。鉴于是亲贴颈部及脸部敏感肌肤的围巾，选面料就像选女朋友，适合的才是最好的。

最高级的围巾都用以下两种面料。

1 ———— 羊绒

羊绒是保暖界的扛把子。与羊毛不同，羊绒采自山羊，比普通的羊毛更细、更柔软，但也更贵。

收集羊毛就像理发，用剪子将羊全部剃光就行了，每只山羊每年可以产几公斤羊毛；而羊绒长在山羊粗毛的根部，收集羊绒时要用特制的铁梳子，像梳头一样一点点将羊绒梳下来，从每只羊身上只能收获几十克。

这样收集的羊绒手感更柔滑，羊绒制品稍有褶皱只要挂一晚上就能恢复平整，并且洗后不缩水，不起静电。

产量低加上采集方式难，所以羊绒更贵，但它带来的是更为柔软舒适的触感，摸到它就想直接陷在里面。

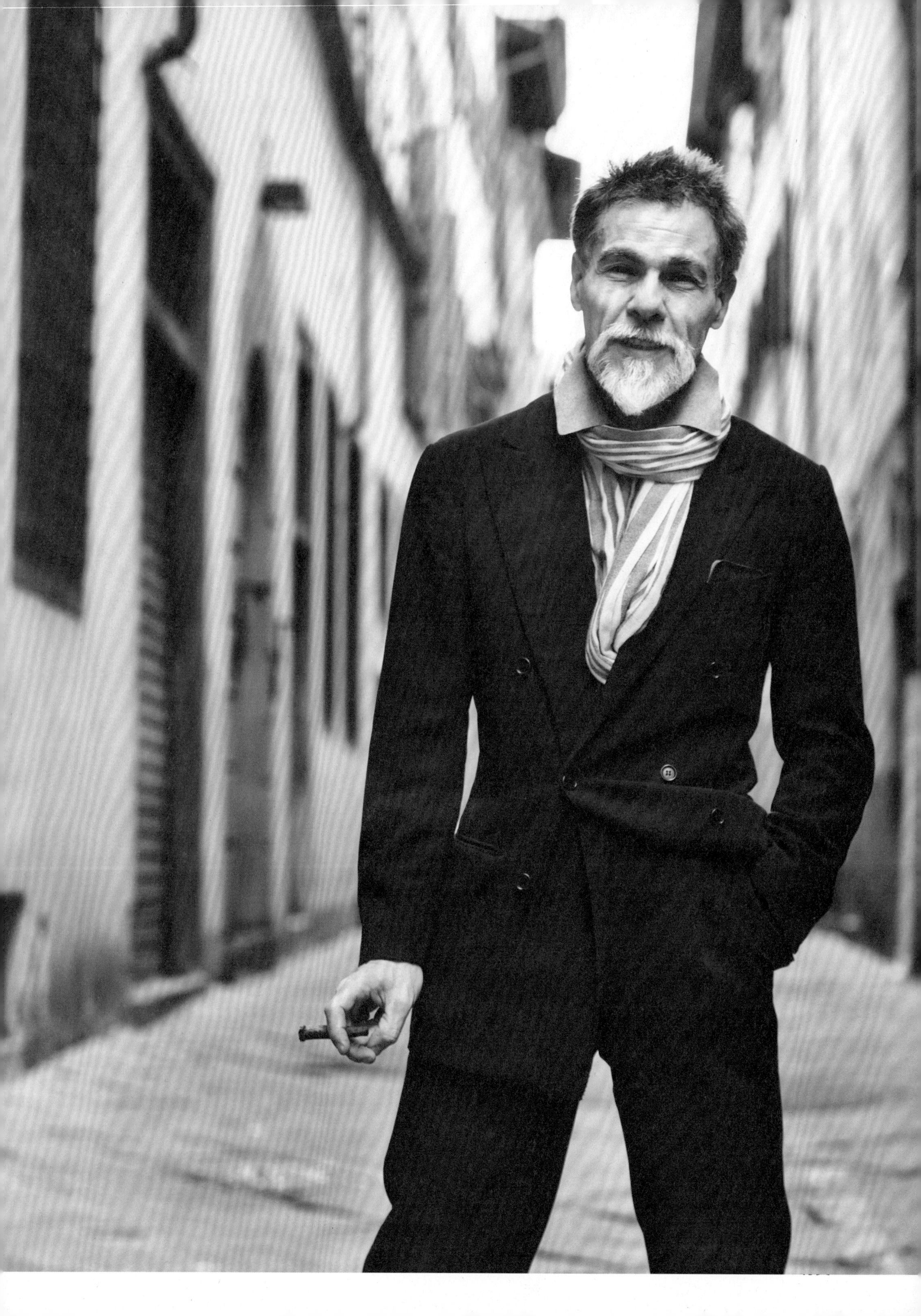

2 ———— 丝绸

正式的场合，有格调的男人都会围一块丝绸围巾。这样的场合，男人们最怕的就是显得笨重，而一块轻盈的丝绸围巾就能完美解决问题。

你只需随意地将丝绸围巾系在领口处，它泛出的优雅光泽和轻盈的感觉会瞬间将你8000元的西服套装变成80000元。

最后请男士们记住：选择围巾的面料时，一定要去亲手触摸它们。感受面料，才能找到最适合你的围巾。

除了以上两方面，还有几个必须注意的围巾小贴士。

①

扔掉所有动物图案的围巾

你已经长大了。

②

扔掉那些非主流围巾

例如半透明材质围巾、精心制作的串珠围巾、亮片围巾、带有闪亮的金属小饰物的围巾。

③

扔掉前女友亲手给你织的粗棒针围巾

别让现任伤心，也别让丑围巾毁了你一天的形象。

通过以上内容，我想告诉各位，选择适合自己的围巾很重要。

在姑娘眼里，围巾就代表了你对细节的态度。围在身上舒不舒服只有自己知道，美不美则看你的品位——当然，我们也看在眼里。

在细节上追求极致的男人，自然会有姑娘愿意亲手为他系上围巾。

TIE: THE ULTIMATE THRESHOLD ON THE TOP
领带：登上顶峰的终极门槛

倘若你去国贸或陆家嘴找 100 个男人聊聊他们的打扮，有 90 个人会聊他们的擦色皮鞋，70 个人聊瑞士机械表，30 个人聊定制绅装，10 个人聊羊皮手套……但能聊领带的，一个都没有。

如果一个男人懂领带，那他的品位已经没问题了。

倘若你去国贸或陆家嘴找 100 个男人聊聊他们的打扮，有 90 个人会聊他们的擦色皮鞋，70 个人聊瑞士机械表，30 个人聊定制绅装，10 个人聊羊皮手套……但能聊领带的，一个都没有。

很多人一提到领带，就想到每天朝九晚五挤地铁、在小隔间盯着同样的电脑屏幕的办公室科员——一直被工作拽着领带往前走。

在他们眼中，领带就是无趣、死板的代名词。

但他们都错了，如果男人的品位是一座高山，那汽车和手表只是山脚下的售票处，到达这里的人只能算是暴发户；定制绅装和皮鞋是半山腰，能到达这里的人已经开始有了自己的审美。领带，则是你登上顶峰前的最后一道门槛。只有懂领带的男人才有资格说自己有品位。

领带，是上半身着装中最容易被忽视但也最引人注目的东西。如果你想在品位上更进一步，以下这些领带的知识点你必须要懂。

First 面料

面料往往决定着一条领带给人的直观感受。内行只要扫一眼，就能看出好坏。

对于真丝印花面料，品质主要看两点：真丝质地和印花水平。

1 ———— 真丝质地

好领带必须是真丝材质，一旦触碰到它，就会立刻爱上那种顺滑清爽的感觉；它的色泽看起来也比较自然柔和，这是涤丝等其他合成面料没法比的。

此外，真丝的产地也很重要，意大利或英国生产的要比国内的贵 15 到 20 倍，主要的差别就是在真丝的染整、纺纱、机织这些加工过程上。

以领带界的“劳斯莱斯”Stefano Ricci（史蒂芬劳·尼治）为例，它一直使用意大利 17 世纪流传下来的往返式织布机制作真丝面料，一小时仅能织两条领带的面料。这种古老工艺以及对品质的极致追求是大批量工业生产比不了的。

印花效果也是影响领带质量的一个关键。劣质印花往往看起来颜色不正，十分艳俗，印花边缘模糊不清。

2 ———— 印花水平

传统的英式手工印染是拔染印花，是一种在真丝面料上先染底色，再印图案的加工方法。因为是手工操作，每个技师做出来的效果都会有所差别。

意大利主要采用直接印花，就是直接在白色织物上进行印花。比如，同样是印一块深蓝色红波点的面料，英式印花是先把面料染成深蓝色（作为底色），然后再把红色波点印上去；而意式方法则是把深蓝色作为一种图案印在白布上，被设计成波点的地方都留白，然后再把红色波点印在留白的部分。

换句话说，英式和意式的主要区别在于是否有颜色叠加。例如，Hermès（爱马仕）的领带采用的是意式印花技术，明显比 Drake's（德雷克斯）的看起来饱和度高，图案边缘也更清晰。但很多喜欢手工质感的人都觉得英式印花更传统、古典和具有艺术感。

总之，要想知道面料是否高级，先看生产地；至于印花效果怎么辨别，只能说好东西看得多了慢慢就懂了。

Second 剪裁和缝纫

一条好的领带，除了摸起来爽、看起来飒以外，最重要的一点是系在脖子上有型。

因此，高级领带在剪裁和缝纫上都是非常讲究的。

1 ———— 45度斜裁

45度斜裁是指沿面料的对角线方向进行裁剪的一种特殊手法。

这种方式能最大限度地发掘面料的伸缩性和柔韧性，从而解决领带在打结时不同部位互相受力而产生变形的问题，使领带保持垂顺，不打拧，不产生褶皱。

当解掉领带之后，它也能让领带完全铺平，而不是像鱿鱼一样卷起来。

为了判定一条领带是否是斜裁的，可以做一个拉伸测试，其中有两个衡量指标：沿垂直方向拉，它应该在这个方向可伸展；沿它的45度方向拉，它应该完全不伸展。

2 ———— 跳针

如果你翻开领带背面的折叠部分后发现一个线圈，不要误会它是质量不过关。如果一怒之下把线头揪掉，当你知道它的作用之后可能会哭。这个人为的手工缝制线圈对于保持领带的形状起着非常重要的作用，无论领带被你弄成什么样子，只要轻轻一拉跳针线圈，就能恢复原状。没做过处理的普通领带可能用上一年就不成形了。

这种跳针技法的难度体现在，它必须要把领带反面折叠的两边、内衬贯穿起来，但又不能把正面也缝上，比较考验技师的手上功夫，缝纫机很难做到。

3 ———— 加固套结

在领带的背面，有一个横向套结，能像订书机一样把领带折叠的两侧缝在一起。它的主要作用是加固跳针，保证领带的稳定性。

如果你的领带戴了一段时间就开始出现不服帖的现象，有种气泡状的起伏感，很有可能就是因为没有这个套结。

领带的形态直接影响你的帅气程度，如果想让自己的领带时刻保持精神，就要注意以上这些小细节。

Third 高阶模式

解决完上述两个基本问题后，终于可以进入高阶模式——有两种领带的风格需要你进行选择。坚硬的男人，任凭风吹雨打，领带还是坚挺地竖在胸前；飘逸的男人，领带能随风飘扬，就好像被微风吹起的姑娘的秀发。

简单地说，你得选择是要稳重，还是要潇洒。

这两种风格体现在以下工艺。

1 ———— 多叠款式

好的领带都是用一块整布叠出来的，而不是用若干裁片缝在一起，所以两者最大的区别是，叠出来的领带基本看不到缝线的痕迹。

所谓叠，就是把面料像折纸一样折成若干层，比如3-fold领带就是指面料被折了3次。

现在市面上的多叠领带主要有3-fold、5-fold、6-fold、7-fold。

3-fold是最经典的款式，也是成衣品牌的产品里最常见的。但现在真正玩儿男装的人都比较喜欢7-fold，其中Kiton（奇顿）的这个款式最为出名。7-fold做法非常耗费面料，一条领带要耗费一米左右的真丝。这种领带通常比较贵，喜欢的人觉得它就是专属于脖颈的意大利奢华折纸艺术。它满足奢侈品的最严苛定义：昂贵、非必需、有腔调。

2 ———— 内衬

内衬就是领带内部的填充物，它可以让领结更成形，起到增加领带重量从而使领带更加垂坠的作用。高级的领带一般是用羊毛内衬，它质地柔软、弹性好，解下领带之后可以使褶皱较快地被抚平。便宜的领带通常会使用合成聚酯纤维的内衬，这种内衬过于硬挺，戴上后效果不自然，显得傻乎乎的。

3 ———— 是否挂里

挂里的意思就是在领带背面再加上一层里布，用于遮挡领带表布因折叠而露出的背面。

有一种挂里的里布和领带表布采用同一种面料，通常用于7-fold领带，极其优雅稳重。

装饰性挂里的里布和领带表布采用不同的面料，通常为单色；也有更闷骚的里布，比如印有复古女郎的图案或者你女友的大头照的里布。

需要注意的是，即使领带标签上写着100%真丝，那也只是代表领带表布是真丝的。

市面上常见的领带里布都是涤纶做的，只有最高品质的领带制造公司才会使用真丝，符合“肉眼可见之处都是真丝”的硬性品位要求。

讲究的无里布款式都是手工卷边缝制的，这种工艺的学名叫挑缝边缘。它的边缘呈圆柱状，针脚没有那么规整，比较费时且考验技师功力。相比之下，用机器砸边就显得过于平整、呆板、没有生命力，入不了资深男装爱好者的法眼。

4 ———— 飘逸度

简单来讲，领带的飘逸度主要取决于领带的重量。

挂里的领带一般是内衬贯穿两端；不挂里的领带通常不加衬，或者只有半衬，在没有里布的地方是看不到衬的。

在排除特殊面料的情况下，挂里领带比较厚重，因此垂坠感比不挂里的好。任何时候，挂里领带都会老老实实地待在胸前，显得很稳重。

如果你想让领带随风飘扬，展现风姿，就选择半衬或无衬的不挂里领带。

但无衬的领带有不够挺括的劣势，虽然够飘逸，但是对于不太会打领带的人来说，打出一个好看的领结需要多花费几倍的时间，且解下领带之后褶皱较多，需要及时熨平。

所以，到底是想要飘逸还是稳重，全凭个人喜好，只要能说出自己为什么选择这条领带，那么这条领带就是适合你的。

只要掌握这些关键信息，就能自己鉴别出一条领带是否品质过硬。在有更好审美趣味的基础上，就能把服饰文化当成一种爱好，把掌握这些知识点当成乐趣。比起欣赏美丑，了解它背后的工艺是更有品位的一种体现。

做个精致的男人不容易，让我们一起努力。

一条好的领带，除了摸起来爽、看起来飒以外，最重要的一点是系在脖子上有型。因此，剪裁和缝纫都非常重要。

POCKET SQUARE: THE KEY TO A CONSIDERATE MAN
口袋巾：细腻、周全的绅士必备

一块口袋巾不仅是男人心思细腻、考虑周全的表现，也是品位的点睛之笔。在所有配饰当中，口袋巾最能体现个人风格，无论是搭配礼服还是西装，都能风流到底。

一块口袋巾不仅是男人心思细腻、考虑周全的表现，也是品位的点睛之笔。

通过这一块小小的布，就能轻易地看出你到底是“真正的绅士”还是“仍需升级的弱鸡”。在所有配饰当中，口袋巾最能体现个人风格，无论是搭配礼服还是西装，都能风流到底。

例如，当一个姑娘在你面前哭了，你用什么给她擦眼泪？把小卖部一块钱的纸巾递过去，太土；直接伸手去擦，耍流氓。只有从胸前口袋里拿出的精致口袋巾，才配擦拭姑娘们眼角珍珠般的泪滴。

简单来说，口袋巾是一小块正方形的布，折叠之后放在绅装胸部的口袋里，作为一种装饰。

说起口袋巾的前身，其实是有钱人用来清洁的手帕。

中世纪时，英国和法国的贵族们出门时都会随身携带洒了古龙水的绣花手帕，在经过有异味的街道时，用来优雅地遮掩口鼻，阻挡灰尘。

从19世纪中叶开始，手帕更广泛地出现在上流社会的日常生活中，以棉、麻、丝绸等面料最为高级。在《雾都孤儿》(*Oliver Twist*)中，主人公奥利弗频繁地被教唆去偷丝质手帕，可见当时手帕是一种比较贵重的物品。

到了20世纪初，随着手帕的各式折叠法被发明出来，它彻底成了绅士的必备物件。甚至有一种说法，没有搭配口袋巾的绅装就不算是一套完整的绅装。

那时候的时髦男人出门会准备两块手帕，擦手的手帕装在裤兜里，而胸前口袋里的手帕则作为一种纯粹的装饰物，从而有了一个专门的称呼：Pocket Square。

随着“二战”时期面巾纸的问世，口袋巾的实用性彻底消失，单纯作为一种“讲究”而存在。所以，除了给姑娘擦眼泪以外，请让口袋巾老老实实地待在胸袋里，就算流鼻血也不要拿出来。

口袋巾的折法可能有几十种，但很容易弄巧成拙。因此我按照不同的场合，给各位总结了最实用的5种。

First 三角式折法 (Three-point Fold)

这种折叠方式适用于最正式严肃的场合，与Tuxedo是绝佳的搭配。“三角式”较为复杂，它是将口袋巾先对折形成一个尖角，再把两侧分别向上折，形成三个角，最后把剩余部分插入口袋中。采用此折法的白色亚麻口袋巾最为郑重，一定要搭配白衬衫。虽然平时很少有机会遇到这种场合，但作为一种礼仪常识，还是有必要知道。

Second 一字形折法 (Flat Fold)

一字形折法适用于所有场合，正式程度仅次于三角式折法。

对于“手残党”来说，“一字形”没有任何技术含量，把口袋巾对折成方形塞入胸袋即可，露出部分不能太多，超过胸袋边1cm左右为佳。这种折法最适合单色的口袋巾，尤以白色为最

优雅。如果你不想给人“用力过猛”的感觉，就学习这种折法。

Third 一角式折法 (One-point Fold)

一角式折法比较适合商务场合，比如和客户谈事、公司开会等。

它是将口袋巾对折成正方形，再将两侧的角向内对折即可。单色或者简单的条纹、波点图案比较适合这种折法。

Fourth 两角式折法 (Two-point Fold)

两角式折法和上一种的适用场合差不多，不过前者有一定技术难度，也更时髦一些。它是将口袋巾对折成三角形，然后将其错开成两个小尖角，再将两侧对折到合适的宽度插入口袋中。对于新手来说，如果使用丝质口袋巾可能操作难度较大，用易折叠的棉、亚麻材质效果最好。

Fifth 泡芙式折法 (Puff Fold)

这种折法的效果就像它的名字一样，口袋巾看上去就像一个蓬松的泡芙，适合亲友聚会等比较随意的场合；需要搭配礼服的正式场合禁用。

虽然“泡芙式”看起来难度挺高，但其实非常简单，只需抓住口袋巾的中心，使其自然下垂，然后将四个角折入口袋中即可。

它适合比较花哨的口袋巾，比如经典的佩斯利花纹、苏格兰格纹以及波点等，是一种比较能体现个人风格的折法。

作为一个配饰，口袋巾的作用应该是适当的锦上添花而不是刻意、浮夸地表现自己。一定要根据场合适当选择呈现它的方式，在得体的前提下，低调地展现一些时髦感。

每一个精致男人的胸前都应该有一块干净、平整、折叠好的口袋巾。但一定要注意以下细节，否则就远远达不到绅士的标准。

1 ——— 品质

因为口袋巾总是被频繁地弄皱、折叠或压平，其本身的质地和做工是非常重要的。一块好的口袋巾应由真丝、亚麻以及棉布等材料制成，边缘处经过手工包边处理，这种额外费时的做工就是高品质的象征。

更讲究的男人还会把自己名字的首字母绣在口袋巾上，强调独一无二的定制感。

2 ——— 呈现效果

无论你选择哪种折法，基本要求是不能让胸袋看起来鼓鼓囊囊，一定要尽量把口袋巾折得平整。

3 ——— 搭配

很多人认为口袋巾要搭配领带使用，其实这不是必须的，不系领带也可以使用口袋巾。在系领带的情况下，需要掌握一个搭配原则：不要让口袋巾的颜色、图案和领带看起来太相似，否则会失去视觉的焦点以及口袋巾的装饰作用。如果领带是黄色的，口袋巾可以选择红色或者蓝色等互补色或对比色。没有领带时，你需要考虑口袋巾和其他配饰是否搭调，比如襟花、围巾甚至是袜子。但以上这些建议只是针对新手而言的，如果你是一个资深玩家，一切皆有可能，不必拘泥于这些条条框框，也不必和大家在风格上保持统一。

对于每一个爱穿绅装的男人来说，关于衬衣、皮鞋的门道可能已经很熟悉了，但更进一步的秘诀永远藏在更不起眼的细节之处。比如绅装胸前口袋里那块若隐若现的口袋巾，它虽然面积不大，但足够引人注目。

品位从不是为了实用性而存在的。口袋巾的最大意义就在于，时刻提醒自己要讲究衣着的每个细节，拒绝平庸。

LAPEL BUTTONHOLE:
THE "IRON THRONE" OF A SUIT
插花眼：胸口的江湖地位

要想成为那个站在权力巅峰的男人，一定要了解到底什么是插花眼，以及该插什么花。

作为男人，总会在电影《教父》中得到些什么。

像教父一样做大事的男人，胸前都会插朵花。

每个男人都想戴一朵这样的胸花。比如柯里昂（Don Vito Corleone）胸前的那朵红玫瑰，这朵胸花不仅代表着他对衣着细节的态度，还代表着他的江湖地位。

但 99% 的男人都把花插在了不该插的位置：胸前的口袋里。我在这里郑重地告诉各位男士，胸前的口袋只能放口袋巾，而花，要插在插花眼中。

要想成为那个站在权力巅峰的男人，一定要了解到底什么是插花眼，以及该插什么花。

插花眼也叫驳头眼，就是绅装驳领上的扣眼。但它最早并不是用来插花的。

最早，绅装的领子是可以扣上的，而插花眼也是一个真的扣眼，扣起来能够遮挡风沙，用来保暖。

后来，英国女王维多利亚的老公及表弟——阿尔伯特亲王在自己的婚礼上灵机一动，将花插在驳头眼里做装饰，从此这阵潮流旋风就在贵族中刮了起来。

慢慢地，驳头眼的用途不再是防寒保暖，而是逐渐演变为插花、佩戴徽章等，沿用至今。

如果姑娘想看看这个男人精不精致，光有一个好的插花眼可不够，还要将他的领子翻开看看。

如果领子后面有固定襻带（原指用布做的扣住纽扣的套），那说明这个男人对自己的要求，已经严格到了令人发指的地步，是一个有里有面的精致男人。

固定襻带，是正统绅装必不可少的一个小元素。它位于领子后，是一种为了固定花茎的、带有松紧的襻带。

虽然现在也可用别针将花别在领口，但一件好绅装，必定拥有一个好固定襻带。

什么算是好绅装？——有米兰眼的绅装。

随着定制绅装文化的兴起，有米兰眼已经逐渐成了好绅装的评判标准之一，虽然起初只是一些意大利老牌店铺的裁缝为了炫技而发明的。

很多人认为米兰眼是插花眼的一种形状，但其实不然，米兰眼是一种传统的手工方法的体现。

米兰眼的做工并不复杂，但是费力。简单说就是加进一根粗粗的股线，沿着股线锁扣眼，最后做出立体挺拔的效果。

事实上裁缝们也只有在插花眼的位置才能发挥这种米兰眼手工花式缝制法。

由于制作方式的限制，扣眼反复受力比较容易变形，而且不耐磨，所以米兰眼并不适合用来做普通的纽扣眼，只能在插花眼的位置使用这种手工的缝制方式。

不追求功能性，才是体现生活品位的终极方式。

不过搞懂了插花眼还不够，插什么花也很有讲究。

插花眼中插的花叫作 Boutonniere（襟花）。

早期欧洲的绅士出席婚礼、赛马活动、舞会、葬礼等正式活动时会佩戴一支鲜花作为襟花。

现在也可佩戴手工制作的假花或者徽章，但最为正统和正式的场合，还是要佩戴鲜花。

最传统的襟花是康乃馨。像美剧《大西洋帝国》（*Boardwalk Empire*）中纽约帮的老大努奇，一朵大红色康乃馨从未离开过他的胸口。

但康乃馨颜色的选择也有讲究：

婚礼、丧礼及其他正式场合使用白色康乃馨；其余场合则可佩戴红色康乃馨；当然，如果需要，也可选择黄色或粉色的。

除了康乃馨，还可以根据个人喜好选择玫瑰、矢车菊、兰花、栀子花、铃兰等。

但佩戴玫瑰时注意要配宽驳头绅装。因为玫瑰更大、更重，绅装驳头必须能承受其重量。教父最具代表性的特征就是胸前的玫瑰花，同时他会搭配驳头比较厚实的半正式无尾礼服。

选择襟花时还要注意以下几点。

①

选不准颜色时就选红色或白色

这两种颜色更适合正式场合，
而且能够搭配任何颜色的绅装。

②

襟花大小要比纽扣稍大

如果身材较瘦或较矮，比纽扣稍大一点儿的花即可；
如果身形健硕，可以再加大些尺寸。

③

面试时别佩戴襟花

在婚礼、舞会这样的场合，
你可以毫无顾虑地佩戴胸花，
但面试这样的场合佩戴胸花看起来太霸气，不太好。

虽然发展到今天，插花眼本身已经成了一种装饰元素，只有少数对绅装有信仰的人才会佩戴胸花，但我还是建议男士们选择衣服时，看看它的插花眼。

毕竟胸前要戴花的男人，对自己的要求不一样。

BOOTS: TRAVEL AROUND THE WORLD WITH YOUR BOOTS ON
靴子：穿靴子的男人步子才能迈得大

男人穿适合自己的靴子，不应该追求霸气外露、受人褒奖，而是追求当你独自走在街上时，能够默默收获路边姑娘们赞许的目光。

靴子是男人的第三性征。

只要穿上靴子，就会感觉自己的雄性荷尔蒙伴随着肾上腺素从大腿直接泵入大脑，再发散至全身。因此每个穿靴子的男人步子迈得都特别大，眼神中满是自信。

但你真的会穿靴子吗？

大部分男人只知道穿靴子帅，但没几个知道真正的靴子长什么样，导致在他们眼里任何高帮野鸡款都能被叫作“靴子”。

现在中国男人在穿靴子上有3个致命问题：

01 根本不知道什么是靴子。

02 不穿男人该穿的靴子。穿鞋帮带粘扣的翻毛皮雪地靴。

03 对靴子的认知仅限于大黄靴。大黄靴本没错，但一入冬连续3个月天天穿，等冬去春来再脱下来时就有点恐怖了。

穿着上述靴子的你只是自我感觉良好，但在姑娘眼中你就是个城乡接合部的土酷达人。

男人穿适合自己的靴子，不应该追求霸气外露、受人褒奖，而是追求当你独自走在街上时，能够默默收获路边姑娘们赞许的目光。

能够低调不张扬地让它的主人散发男人味，是一双好靴子的标准。

只有了解了以下3种男靴，才算是踏进了男靴世界的大门。

First 切尔西靴 (Chelsea Boots)

怕麻烦是男人的通病。而切尔西靴就是怕麻烦的男士需要的第一双靴子。

一是因为切尔西靴方便穿脱，二是因为它适合任何场合。

切尔西靴是一双没有鞋带的及踝靴，松紧带取代了鞋带的设计，这种“一脚蹬”(Slip-on)对于怕费事的男士们来说简直是福音。由于款式经典且材质多变，切尔西靴在任何场合下都能比画比画，又毫不含糊。

最初，切尔西靴是英国维多利亚女王的制鞋师为女王殿下发明的，由于好穿，贵族马术圈也开始风靡。20世纪60年代，切尔西靴成了摇滚明星和嬉皮士的最爱，披头士(The Beatles)让切尔西靴成了狂野不羁的代表，直至今日，切尔西靴也是经典不过时的直男最爱款。

但现在市面上都是各种变异的山寨款切尔西靴，许多男士脚上的都不够正宗。

只有满足以下5个要素的切尔西靴才算是正统的，其余的哪怕是来自大牌设计，都被归类于杂交品种，不要上脚。

1 ———— 鞋头款式

正统的切尔西靴的鞋头有 3 种款式：圆头、尖头和方头。

圆头切尔西靴只适合一类男人——小腿粗壮的男人。圆头的切尔西靴能弱化腿部线条，但穿上后会显得过于憨厚。

尖头切尔西靴更闷骚。尖头会拉长身材比例，显瘦显腿长，但如果气质不够突出穿不好会有些“娘”。

方头切尔西靴是男士们的首选。它中和了以上两款的优点，既显得年轻、腿长，又不会像尖头那么过激。

2 ———— 必须要有松紧带

没有松紧带设计的不叫切尔西靴。松紧带设计是切尔西靴最大的标志，也是第一次在鞋履设计中使用硫化橡胶。

松紧带设计就是切尔西靴的灵魂。

切记：正统的切尔西靴松紧带不与鞋底相连，而是在鞋底上方。

3 ———— 高度到脚踝

切尔西靴是一双标准的及踝短靴，最初起源于一项贵族运动——马术。

当时马靴已经从高筒马靴进化成更方便的及踝短靴，加上切尔西靴的松紧带设计，非常便于穿脱。

过低或过高的鞋帮都会让松紧带失去存在的意义。

4 ———— 低跟

最初的切尔西靴会配上高跟，以此彰显其主人的地位，但现在正统的男士切尔西靴都采用的是低跟设计，靴子本身有拉抻腿部线条的效果，有跟的话会显得“娘炮”。

5 ———— 皮革鞋底

穿切尔西靴时，不经意间抬脚露出的全皮大底才是身份的象征。现在市面上有很多橡胶底的切尔西靴，男士们不要选。

全皮大底既代表讲究品质，穿起来也更透气；橡胶底就不透气，穿上之后会捂脚。所以正统的切尔西靴都是皮质鞋底。

仅仅知道一双标准的切尔西靴是什么样的还不够，接下来要告诉你的，是如何选一双优质的切尔西靴。

判断优质与否要从面料与板型入手。这个标准不关乎价钱，有很多大牌卖得很贵但是依旧不好。但是，过于便宜的品质一定不会好。所以，想选一双好的切尔西靴，先上脚试试。

好的切尔西靴鞋面和脚掌内侧要挺 鞋面一定要挺立，就算上脚穿了很久，鞋面也不会塌陷。在尺码合适的情况下，一般的切尔西靴穿个半年就跟块烂面包一样松散了。尤其是脚掌内侧的曲线，一旦塌下来，整双鞋就没有原本挺立的精气神了。而好的切尔西靴，就算你穿了一年，也不会有塌陷的迹象，脚面结构依旧立体，脚内外两侧依旧能被紧密包裹。

靴口要窄，服帖脚踝 脚踝是男人最克制的性感带。切尔西靴的窄口能完美地修饰男人的脚踝。切尔西靴的松紧设计，不会让靴口过紧或过松，男士们在穿着时脚踝会感到很放松。

其次，切尔西靴之所以搭配绅装好看，是因为靴口可以撑起裤腿。一条标准长度的裤子，搭配切尔西靴会立刻显得笔挺、修长。过于宽松的靴口，在裤管下会显得窝囊。

服帖脚踝的窄口能让你没有脚踝的腿“起死回生”。

选择上等皮质 好皮质的标准就是：你非常喜欢的姑娘不经意间踩了你的切尔西靴，你会生气。皮质是一双鞋的门面，好的皮质穿起来也会舒服。搭配绅装的切尔西靴要首选上等的小牛皮，大颗的荔枝纹和其他动物纹不适合切尔西靴。

选择漆皮的要慎重，因为漆皮本身容易让靴子看起来廉价，不选贵点的就会更显劣质，并且容易出褶。

想把切尔西靴穿得看起来比别人的高级，除了上面说的，还要注意以下几点。

①

穿牛仔裤一定要搭配麂皮、
翻毛皮材质的切尔西靴

千万别选择一双
正装黑色小牛皮靴搭配牛仔裤，
这种莫名其妙的混搭姑娘看见一定会嫌弃。
对于牛仔裤这种休闲的款式，
粗犷的麂皮切尔西靴更适合。
并且你要知道，牛仔裤有许多板型，
并不是所有的牛仔裤都适合搭配切尔西靴。
切记：宽松的直筒牛仔裤别搭配切尔西靴，
特别是裤腿可以盖到靴面的那种。
麂皮切尔西靴请搭配修身牛仔裤。

②

别卷裤腿

“为什么我穿靴子显得那么矮？”
原因就是你非要卷裤腿。
不光是切尔西靴，
及踝或到踝部以上的靴子搭配裤子时，
都不要卷裤腿。不要因为裤腿长，
或者感觉自己的靴子太好看，
就把裤腿卷起来露出整个靴子。
卷起的裤腿会从视觉上
将你的腿和脚一分为二，
让你本来就不长的下半身瞬间变得更短。
没有 1 米 2 的腿就别弄这花活。

③

穿正装时裤腿长度到脚踝

只有裤腿长度到脚踝，
你在站立或行走时才会若隐若现地露出鞋帮，
又不会露出靴口；
坐着时会完全露出整双靴子的线条，
前提是切尔西靴款式正宗、品质过硬。
当然，还需要一双足以衬托你靴子的袜子。
穿好切尔西靴对于男士们来说不可能是个难事。
如果 1.0 版本的切尔西靴只能满足你的基本需求，
那么还有 2.0 进阶版的在等着你。

Second 焦特布尔靴 (Jodhpur Boots)

穿焦特布尔靴的男人，在姑娘眼里只有两个字：高级。

焦特布尔靴的高级之处在于细节。它是一双及踝的两片式结构低跟靴，没有鞋带，是用绑在脚踝处的带子与扣子固定。仅仅是绑带的设计就让整双靴子看起来很高级。

作为切尔西靴进阶版的焦特布尔靴，其实是前者的亲生父亲。

乍一看两双靴子除了两条带子没有其他区别，但焦特布尔靴并没有切尔西靴标志的硫化橡胶松紧带设计。也正是将这个设计加到焦特布尔靴中，才发明了切尔西靴。

最初焦特布尔靴是作为马靴存在的。它的名字来自印度小城焦特布尔（Jodhpur），它的诞生与当地一名马球选手在英国引起的一场“马裤革命”关系密切。

一位印度军人穿着他家乡焦特布尔的特别礼裤去英国参加马球比赛，这种被称作焦特布尔的马裤膝上宽松，膝下紧合，穿着时将裤脚塞入靴内。这在当时造成了轰动，英国贵族开始争相模仿这种打扮，焦特布尔马裤后来变成了现在的马裤。

以前欧洲男人骑马时都是穿高筒靴，但不方便穿脱。为了搭配焦特布尔裤，原本的高筒靴也被改制成及踝靴的高度，无鞋带的设计也因为实用而成了骑士们的新选择，以焦特布尔命名。焦特布尔靴从此在英国上流社会走红，成为贵族马术及社交活动的比美工具。但是随着切尔西靴的发明，焦特布尔靴的人气慢慢开始下滑。

直到现在，知道或者穿着焦特布尔靴的男人也不是很多，但是对于追求与众不同的男士们来说，小众冷门的焦特布尔靴会让你在姑娘面前不仅帅，还帅得很不一样。

选择焦特布尔靴也要选正统的。正统的焦特布尔靴除了和“儿子”切尔西靴有相同的几个特点之外，还有以下两个特点。

1 ——— 必须有扣带

像切尔西靴的松紧带一样，扣带的设计是焦特布尔靴的灵魂。它也同样解决了靴子系鞋带麻烦的问题。

扣带分为单条和双条，并配有搭扣，鞋后帮有固定扣带的后跟圈。

单条扣带较长，系法是背扣式——搭扣在靴子的侧后方，直接被缝在鞋耳上。

双条扣带较短，系法是前扣式——搭扣在另一条扣带上，位于靴子的斜前方。

好的焦特布尔靴也有很多细节的变化：有方角搭扣和圆角搭扣之分，扣带上也可以配有皮带扣。

2 ——— 鞋面分为素面和三段式

素面是指没有拼接、直接由一张整皮做成的鞋面。线条比三段式的更为利落，从脚面往上延伸，与腿合为一体，在视觉上有拉长腿部线条的效果。

三段式款式的焦特布尔靴的细节更为讲究，但是切记不要选择头、身、尾三部分皮质颜色不统一的，因为分块的颜色既会削弱脚到腿的线条的连贯性，又容易显得劣质。

穿焦特布尔靴时的注意事项和切尔西靴相似，但有两点不同。

1 ——— 别选扣带过多过长的焦特布尔靴

焦特布尔靴的扣带虽然是整双靴子的灵魂，但如果扣带过长、缠绕圈数过多的话，你的焦特布尔靴看起来会像一个情趣用品，并且让你的脚和身体分离。

2 ——— 不要搭配牛仔裤

虽然和切尔西靴很像，但是我认为焦特布尔靴并不适合翻毛皮的材质，高级的小牛皮或者稀有的鳄鱼皮才更配得上高级的焦特布尔靴。

特别是搭配绅装出现时，上身根本不用做过多的设计，一双焦特布尔靴，姑娘就只会低头看了。

只要注意以上几点，不好驾驭的焦特布尔靴也会被你穿得游刃有余。

Third 正装靴 (Dress Boots)

作为男人没有一双正装靴，怎么能上得了台面？正装靴是正式场合男士的必备靴子。

之所以被称为正装靴，因为它其实就是正装皮鞋（Dress Shoes）的高帮版本，相比前面提到的两款靴型更为正式。

在传统的着装文化中，正装靴一定要有鞋带。而正装靴不仅可以让你在冬天出席正式场合时保暖并不失礼数，还能让你的眼前反复出现一句话：我们不一样，我的更闪亮。

和正装鞋一样，最正统的正装靴就是德比靴（Derby Boots）和牛津靴（Oxford Boots）。

第一眼看过去，很多人看不出这两双靴子的区别。简单地说，是与德比鞋和牛津鞋的区别相同，区别方法就是看鞋翼是封闭的还是开放的。鞋翼敞开的是德比靴，鞋翼封闭的是牛津靴。

德比靴是左右两块皮料从两侧包过来和整个前半部分鞋体缝合在一起，鞋翼敞开。

牛津靴侧边鞋翼向前延伸成为鞋面的一部分，

当绑紧鞋带时，鞋翼闭合，形成一整块鞋面，鞋舌是另外缝上的，隐藏在鞋翼下方。这种结构被称为内耳式结构（Closed Lacing）。

这两款靴子虽然是从正装鞋演变过来的，但是除了在较为正式的场合使用外也适合日常的穿搭，但要注意以下几点。

1 ——— 鞋子越素，正式程度越高

最正式的牛津靴使用一整块素面皮制成，收口在鞋后跟处。顶级的无缝牛津靴，细心的工匠会把封口缝在鞋的内侧，这样一双鞋穿出去没人敢说你不懂行。

其次是三段式。鞋头处会拼接皮革用于装饰，正式程度会下滑一个等级。

布洛克雕花款式虽说正式程度最低，但却最闷骚。由于更适合日常穿着，且花样百出，所以深得男士们的喜爱。

2 ——— 尽量定制

定制虽然麻烦且贵，但对于追求精致品位的男士们来说，一双定制的正装靴不论是在正式场合还是日常生活中都能让你信心满满，并且觉得物有所值。

一双好的正装靴要完全适合一个人的脚型。市面上直接就能买到的正装靴就算皮质上乘，但如果尺码不够合适，再好的皮质也会被糟蹋。

定制正装靴会独立开楦，服帖流畅的线条让这双靴子穿在你的脚上时就写下了你的名字。还有什么能比拥有一件完全适合你的东西更惬意的呢？

另外切记：正装靴的鞋带一定要系好。有的男士穿正装靴时会留一两颗扣眼不穿鞋带，一是可能因为懒，感觉在裤管下方不会被看见；二是可能认为穿靴子就应该穿出不羁感。但其实这样做只会显得你邋遢并且不重视你的会面对象。

遵守社交礼仪，出席正式场合时一定要系好鞋带；其次，系好鞋带也会大大降低对靴子的损耗。

理解了正装靴的价值和意义，相信即使是让你花几个月的工资去定制一双，你也会心甘情愿。

姑娘看男人的第一眼看脸，第二眼一定看鞋。

鞋就像男人的第二张脸，一双精致经典的靴子不仅能体现一个男人的品位，还能体现他对生活的态度。好的生活态度就像穿靴子一样：不需要穿得华丽奢侈，但一定要干练经典。

BASIC DRESS CODE FOR THE WHOLE YEAR
四季基本款：出必杀绝技

春、秋两季穿衣难，夏、冬两季易出错，但只要掌握了每一季的基本款，换季时男士们就不会再感到苦恼。基本款让你随时都安全、舒适。

春
Spring

春天是最难穿衣服的季节，在大街上可能看到一个穿短袖和一个穿羽绒服的人擦肩而过。有可能在温暖的早上穿一件薄外套出门，在夜晚回家时被“冻死”在路边。

无论你在祖国的哪片土地上过春天，你都需要这样 5 件基本款外套。

1 ——— 正装上装（Suit Jacket）

套装对于男生来讲，就像日本女孩子在成人礼那天会穿上的和服，穿上就意味着一个男孩真正地走向了社会，真正地开始独立参加正式场合，不再被别人当成男孩，将从此被贴上“成年人”的标签。

很多人的第一套正装都来自父亲和母亲。当收到面试通知时，当收到婚礼邀请时，当去到一家要求穿正装的公司时，你穿上了父亲衣橱里的那套灰色正装，又或者是母亲按照你的身高买来的黑色正装。它们都没有那么合体，款式也不时髦，但却带着一种甜蜜的忧伤。这种不可复制的独特体验，请务必珍惜。

选择正装非常严肃和繁复，我直接说几条核心的注意事项。

套装一般成套买 购买上装的时候一并将配套的裤子买下是明智的行为，这样可以避免搭配颜色之苦，能帮忙省掉很多事情。

整体最好是单色，避免明显的花纹和图案 对年轻人来说最安全的颜色是灰色，海军蓝亦可，适用场合比较多，黑色太隆重，适用面过于狭窄。两边腰间的口袋都应该有盖，袋盖下端应有双绲边，这样才会显得很规矩。

领型一定选平驳领，最稳妥 戗驳领有点强势，青果领有点浮夸，适用场合不多。领子越窄，越显得年轻，领带的宽度应稍微宽于领宽。

如有可能，请选择双开叉（Double Vents）款型 也就是传统意义上的英式剪裁（English Cut），这样可以在选择更修身款型的同时给臀部留出更大空间，使腰部更窄，整体更精神。

如果选择的是单排双扣款，坐着的时候一定要解开扣子；站起来时注意，在起身的瞬间，务必潇洒地把扣子系上。这个动作值得反复练习，能“秒杀妹子”，单手操作效果更佳。

值得反复练习的动作还有推领带，性感指数不逊于系扣子，同样可以“秒杀妹子”。还有一个动作是整理袖子，表面上看起来是为了保持衬衫露出固定的长度，实质还是为了“秒杀妹子”。所以，你是否明白了你到底多需要一身正装？

2 ———— 休闲西装（Blazer）

前面已经介绍过了，Blazer 最早是指一种英国海军制服，传统的款型是海军蓝面料配黄铜纽扣，双排扣。经过长时间的演变，在今天，Blazer 这个词几乎可以用来指代包含男士运动衫的任何不是正装的西装，也就是人们常说的休闲西装。

虽然 Blazer 的板型看起来和正装差距不大，但它可以使用任何面料、颜色制作，正装就不行。口袋可以是贴袋，还能在胳膊肘那里打块补丁。所以 Blazer 既没有正装严肃，又保留了正装的基本造型，是最值得推荐的基本款外套，不管是穿了 10 年卫衣的少年，还是一年四季都是冲锋衣的程序员，只要换上 Blazer，立马可以让自己的造型指数飙升，分分钟摆脱“好人”的形象。

穿着 Blazer 最好的一点是你不需要改变其他任何的穿衣习惯，非常容易搭配。T 恤外面套一件 Blazer，配上短裤会显得更加随意。

3 ———— 带帽夹克（Hooded Jacket）

在英文里面，Jacket 这个词真是博大精深，所有的男士上装几乎都可以用这个词指称，所以好多人说出门穿夹克，但他们根本不知道夹克其实有好几百种！前面的两种基本款外套，虽然酷炫，但基本还是属于“社会人”范畴。下面说说“校园人”的基本款——带帽夹克。

带帽夹克的定义有点宽泛，也可以算作派克大衣（Parka）的范畴，基本就是指尼龙防水面料、有一个帽子、腰间有两个口袋的衣服。

穿带帽夹克的最佳季节就是春季，时不时会下点小雨，带伞嫌麻烦，不带伞又会被淋湿，这时候防雨面料和帽子就能发挥作用。

4 ———— 飞行员夹克（Bomber Jacket）

如果你在望京和五道口长期居住过，那么一定会对无数穿着棒球服走来走去的韩国留学生印象深刻，他们的棒球服背后印着“Peking”“Tsinghua”“RenMin”各种学校名，以至于上去搭讪韩国女生的时候可以直接说，贵校三食堂的饭挺好吃的，贵校湖挺大的，简单明了。

我们要说的飞行员夹克虽然和棒球服有那么点相似，也经常被人称为棒球夹克，但其实毫无关系。飞行员夹克是由美国空军夹克 MA-1 演变而来的，原来只在军迷圈里比较火，这两年真快被以“狗头”为首的一众大牌捧到天上去了。

其实飞行员夹克是非常好的春秋季夹克，因为整体较短而且没有多余的装饰，看起来比较利索，韩国一线男模金泰焕（Kim Tae Hwan）私底下很中意它，经常穿着“扫街”。其实是属于基本款的单品。

搭配起来也非常简单，只需要配基本款的牛仔裤、衬衫加 T 恤就可以，省事、省心、省力。

5 ———— 战壕风衣（Trench Coat）

没有比春天更适合穿风衣的季节了，尤其是保暖性不足的战壕风衣。最好是在天气稍微转暖的时候，让它挂在身上，然后带着一脸“你们都欠我十万块钱”的表情上街，这样才会有超模的感觉。

一件传统的战壕风衣是很复杂的，穿起来也麻烦，价格也很贵。

但是现在越来越多的品牌开始推出战壕风衣，价格越来越低，款式越来越简洁，已经不是有钱人的专属品了，越是这种看起来很高端的服装越值得去尝试。

以上 5 款可以一次性解决你的春季外套难题。

夏天这个可怕的季节，非常容易暴露一个人本质上是否讲究穿着。白色的跨栏背心，黑色紧绷的健身背心，印着各种谜一般文字的文化衫，印着鳄鱼、马球、达·芬奇的神秘品牌 Polo 衫，长度到脚踝、两边共计 8 个口袋的迷彩短裤，露着脚趾的凉鞋……各种神奇的服装都会借着“妈呀，天气好热”的理由出现在各种男性的身上。

如何能在炎热的夏天穿得像样，是一个非常严肃的议题，首先应当明确夏天的整体着装标准。

简单　对抗炎热的制胜法宝，过于复杂的搭配和花色会让你和你对面的人都感觉到眼花缭乱，更热更不舒服，所以，保持简单。

宽松　让空气在身体和衣服之间流动，上身的衣服可以尝试松垮一些的款式，紧身 T 恤或背心容易让人感觉你是健身教练。

轻薄　轻薄的面料能够让人在穿着整齐的同时感觉凉爽。最怕的是在夏天还需要穿正装的男士，他们在面料的选择上就需要下一些功夫，比如亚麻的休闲西装、棉质的套装，都能让他们既保持帅气，又保持凉爽。

夏天容易让人不正经，所以，我们不仅要知道该穿什么，还需要知道不该穿什么。

1 ———— 短裤（Shorts）

一条清爽的卡其短裤能够让夏天没有那么难熬。这种短裤，相当于卷了个大裤腿的卡其休闲裤，除了工作场合之外基本都可以穿着，依循的原则是简单，看着就飕飕凉快，大家都清爽。

但再强调一遍：短裤长不过膝盖，从我做起。

对于短裤最重要的一条要求就是长度一定要在膝盖以上，有人说“短裤不过膝，不是正太就……”，那也要求求你们，不要再拿过膝的出来穿了！

拒绝牛仔短裤，从我做起。

请穿牛仔裤，要不就穿正经的短裤，穿一条牛仔短裤总让人感觉像穿着羽绒服游泳，牛仔布本身的重量感就非常强，看着让人感觉非常热，可能自己穿着还算舒服，但对于别人真的是一种折磨。

更恼火的是那些长度过膝的牛仔短裤，穿上让本来挺长的腿硬生生地像被锯掉一段，想象一下，一个身高 1 米 8 的少年，穿上这样一条牛仔短裤，生生变成了 1 米 2。

拒绝袋袋短裤（Cargo Shorts），从我做起。

任何裤子左右两侧只需要两个口袋，请勿随随便便就在下面再加上两个甚至更多的口袋。当年为体力劳动者设计的袋袋短裤，仅仅是为了方便他们搬砖腾不出手时把锤子和螺丝刀装在两边，普通人买一条这样的短裤，如果长度再过了膝，穿上后腿真是要多短有多短了。

2 ———— T 恤（T-shirt）

T 恤又叫老头衫、文化衫，本质是一种没有领子和袖子的衬衫，各位可能都已经穿了十几二十年了，也没什么特别新鲜的。

什么叫作永不过时？

一件简单的圆领、合身白色 T 恤就是永不过时的度夏服装。不仅穿着舒适，而且别人看着也舒服，不过前提是要干净，如果洗不干净就别穿了。尤其是那些把领口穿得泛黄的追风少年们，在风中留下的除了你的身影，还有一阵阵的汗酸味。

请务必注意：

不要购买印花有明确意义的 T 恤，包括“创意文案”。哪怕你有很高的颜值，哪怕“穿什么无所谓，都是看脸”“颜值高，穿麻袋都好看”是真话，还是请离那些用俗气的字体印着你不明白含义的外语的 T 恤远一些。

3 ———— Polo 衫（Polo Shirt）

Polo Shirt 是演变自网球选手穿的一种介于衬衫和运动装之间的服装，也被称为高尔夫球衫或者网球衫。有领子，同时有 2 至 3 粒纽扣，所以稍显正式，是一种经常能被弄出神奇搭配，最能体现直男审美指数的基本款。

在国内，Polo 衫是 30 至 50 岁成功人士最爱的夏日服装，目测占了商场二层男装区销售量的半壁江山。Logo 多为打马球的小人、爬行动物、小草等，成功男人们穿着它在高尔夫球场内挥洒汗水，充分体现出自己尊贵的身份。

Polo 衫也是“大哥”们的夏日标配，领子一定要立，扎 Polo 衫的腰带一定要炫，啤酒肚把 Polo 衫撑得浑圆，再配上大金链子，腋下夹个包，走路横着走，俩腿叉开跟大螃蟹一样。

正因为穿上以后容易让人误认为你很浮夸和嚣张，所以需要注意以下几点。

①

不要让 Polo 衫松得像面口袋，
也不要紧得裹身儿，略显腰身为宜；

②

肚子比较大的话，不要选择紧身款式，
容易撑得慌，显得自己太有钱；

③

尽量不要把它们扎进裤子里；

④

千万不要把领子立起来；
“大哥”专用穿法，请勿轻易尝试。

4 ———— 太阳镜（Sunglasses）

不论是在海边玩耍，还是开车、逛街，都需要准备一副太阳镜，如何选择是一门很大的学问。严格来说，需要根据脸型进行选择。但其实不建议去选式样太过欧美的警察墨镜或者飞行员墨镜，因为有过强形式感的眼镜一般人很难驾驭，所以根据自己的脸型，选择镜片形状就好。圆脸可以配稍微方正些的，例如雷朋（Ray-Ban）派对达人系列（Clubmaster）中的经典款，可以起到修饰脸部线条的作用。

长脸或者想追求个性穿戴的男士，选择一款比较圆的眼镜，比如玛士高（Moscot）的 Miltzen 系列就会很好，前提是脸要小，知识分子的气场要足。

戴上以后多追求简单和复古，不需要去追求什么新潮酷炫，夏天这么热，简简单单、干干净净就是最好的。

5 ———— 鞋（Shoes）

夏天的鞋讲究一个穿脱方便，也就是说不要有鞋带，最好是“一脚蹬”，便于绅士们前一分钟在沙滩上尽情地嬉戏，后一分钟就能扶着电线杆抖出鞋里的沙子。

如果想穿得正经一些，可以买一双乐福鞋，也就是国内俗称的“船鞋”，最好是皮面的，头最好能尖一点，穿的时候不要穿袜子，配上卡其裤和休闲西装，绅士感油然而生。

如果想穿得随便一些，那么就可以选择一脚蹬的球鞋，不论是大牌小牌，颜色越花哨越夏天。

秋 Autumn

说到秋天，我的脑海中已经浮现出了许多场景：印着神秘标志的长袖T恤，钓鱼大叔的专用小马甲，性欲杀手羽绒马甲，程序员标配冲锋衣，裤子和鞋子间若隐若现的白色运动袜……这些单品分分钟就能让你的形象定格在中年油腻大叔上。

那么在萧瑟的秋天到底应该怎么穿才得体？在我看来，离不开3个基本原则。

简单　这是男生穿衣最重要的一条准则，坚持简单的穿衣风格永远会给人一种整洁得体的视觉感受，过于复杂花哨的搭配难免会出错，在不知道怎么穿的时候，请保持简单，相信我。

合身　选择合适的尺码，保证合身，一定要摆脱宽大松垮的风格，否则你刚想上去搭讪，别人就已加速走到路口了。

保暖　秋天的昼夜温差比较大，在注意保暖性的同时还得注意不要在中午太阳出来的时候被热晕，所以请各位不要再穿秋衣秋裤，避免去体验穿着秋裤在办公室里内裤被汗水浸湿，脱也不是不脱也不是的酸爽。

秋日苦短，穿好衣服才是要紧事，4件基本款让你瞬间冲破天花板。

1 ———— 战壕风衣（Trench Coat）

你以为战壕风衣就是军装吗？没错，最早的战壕风衣就是英国军队中高级军官的御用军服，由英伦B牌（Burberry）于1906年设计推出。亨弗莱·鲍嘉在电影《卡萨布兰卡》中穿着战壕风衣的经典形象令人难忘，基本酷到没朋友。

2 ———— 衬衫（Shirt）

衬衫在男生衣柜里的地位是永远不可取代的。对于衬衫其实有很多种选择，不论是正装衬衫、牛津衬衫还是牛仔衬衫，都在细节中显露着你对穿衣服这件事情的态度。在秋季可以单独穿着，也可以穿在外套里面作为内搭，如果你发现自己到现在都没有一件像样的衬衫，我只能说，赶紧去买。

3 ———— 长裤（Pants）

长裤可能是日常服饰中最容易被男生忽视的一个部分，作为上装和鞋子的连接部分，一旦选错，可能会毁了整体的装束。其实在长裤的选择上，简单舒适是最重要的，也正是因为这一点，卡其裤和牛仔裤是在裤子方面最推荐的两种款式。

卡其裤不论是在普通场合还是较为正式的场合中，都可以穿着，说明了它的实用性，既能上班挤地铁，又能拜见丈母娘。

4 ———— 靴子（Boots）

说真的，再也没有比秋天穿靴子更能体现男人味的了，还能保暖，不过一定要穿得对，穿不对容易显得“娘炮”。

高帮马靴、美式工装靴、布洛克靴，都是推荐的款式，一双正确而有品质的靴子，可以在细节中显露出男士的性格特征。在秋高气爽的季节，穿上你的靴子出门，小心走着走着就“飞起来”了。

以上4类基本款秋装让你在秋天走路带风，彻底摆脱秋季乱穿衣的烦恼。

男士们，在挑选冬装时，需要注意到这3点。

保暖　挑选冬装，首要目的当然是为了保暖，在不同温度下要选择不同的服装，才能穿得得体，穿出风度。

面料　冬装的保暖性能很大程度上取决于面料，比如剪羊毛大衣（Shearling Coat），纯正的真皮带毛与PU等假皮料内部加毛内胆相比，无论从价格还是保暖性上都是天差地别，所以，尽量买自己能买得起的最贵的面料。

板型　冬天穿衣最大的敌人，除了胖之外，就是过于臃肿。这里的臃肿不是说穿的件数多或者衣服本身厚，而是不合适的板型和款式造成的视觉效果，比如你选择了一件像米其林同款的馒头羽绒服，那这个冬天，你也就基本告别姑娘了。

以下推荐几款冬季的基本款，从各个角度迅猛提升你冬季的着装品位。

1 ———— 剪羊毛大衣（Shearling Coat）

Shearling Coat是一种带有“土匪”气质的经典着装，穿在身上很容易表现出纯爷们气质，比如历史上经典的“高空轰炸机夹克B-3”，就是一款经典的Shearling coat。

为了方便飞行员在飞机上操作设备，专门裁减了长度，仅仅及腰，所以也可以叫作剪羊毛夹克（Shearling Jacket）。

现在还有非常多的军服爱好者，以收藏、穿着元年或者复刻版本的B-3夹克为荣。

除了长度到腰的短款，还有过膝的长款Shearling coat，不过这可不是一般人能顺利穿出门的衣服，需要有很强的气场、“邪恶度”、抗击打能力。

建议购买一件皮质良好的短款 Shearling coat，相信我，你会感觉到为什么每年冬天我都想做一只绵羊。

2 ———— 毛衣（Sweater）

毛衣一般指用羊毛线作为材料的针织衣，各位都很熟悉，很多“80 后”是穿妈妈织的毛衣长大的，这种感觉，迷恋偶像团体的小学生应该不懂。

说起毛衣，最经典传统的款式应当算是费尔岛毛衣。它原本是苏格兰费尔岛的传统服装，1921 年，我们的老朋友，当时还是威尔士王子的温莎公爵穿着这种毛衣出现在公众面前，这种花花绿绿的毛衣才开始在全世界流行开来。

传统的费尔岛毛衣颜色包括了大红、深红、海军蓝、天蓝、乳白色等，图案包括雪花、十字、心形、松树等，看起来有点像红白机画面，穿出门后，让人觉得是个“网瘾少年”。

毛衣上相邻花纹的颜色相似，穿在身上会更加安全，如果互为补色的话，穿在身上就有点与众不同的意思。不同颜色之间的比例要掌握好，不然就会太花哨。

3 ———— 手套（Gloves）

告诉你们，在冬季，能用最小代价提升最大幸福感的着装，就是手套。

绝对不要买露指或者连指手套！比如东北朋友听见手套的第一反应，一定是四指相连的“手闷子”，戴在手上总能传递出朴实感。

注意保暖的同时，手套还应该尽量减少对双手的限制，针织手套应当尽量选择好面料，避免皮肤被扎到。

相比于针织手套，更推荐皮质手套，戴上更舒服，厚度更薄，灵活性更好。更关键的是，戴上皮革手套，就像穿上正装一样，给人感觉非常提气。

首先要注意的是皮质的选择，好皮质的手套一定更经久耐用。

牛皮材质最常见，价格比较适中，保暖性和耐磨性不错，性价比比较高。

猪皮材质透气性更好，被水沾湿后不容易变形，不过保暖性没有牛皮好。

羊皮最耐磨，皮革上面的羊脂让手套弹性更好，用起来最舒服，不过比较贵。

一双黑色的手套让整个人显得有种神秘感，小细节提升了吸引力。

冬天，一定要买一副皮手套，相信我。

4 ———— 袜子（Socks）

袜子虽小，却一直担当着保护双脚的作用，对需要面对严冬的各位来说非常重要，一双保暖性强的袜子，能让你用极小的代价高效提升幸福感。

那么，怎么选到一双适合过冬的袜子呢？

仅仅靠厚度是不够的，袜子不仅要保暖，还需要散热排汗，不然为什么不直接穿塑料袋出门。

冬袜的材质一般包括：棉、混纺、羊毛。

棉质袜子最为常见，价格容易被接受而且耐穿，但要过冬就比较难。混纺同理，至于什么竹纤维之类的，都归为混纺一类。

羊毛袜子兼顾了透气性和保温性，也更加耐穿，不过在价格上离我们也更远一些，一般来说，常被作为登山远足人们的选择。

不夸张地讲，一双羊毛袜子，可以瞬间提升脚的舒适度，极大地提升冬季幸福感。

在长度的选择上，超过脚踝的中筒袜和长筒袜就可以，如果严寒天气还在想着露脚踝，那么你基本可以和踝关节说永别了。

出席正式场合时，注意袜子的高度，不要露出皮肤，不然你的上司在看到你浓密的腿毛时，会以为你穿了条黑色毛裤。再次强调，请远离白袜子。

以上的基本款冬装，可以让你既暖和又优雅。

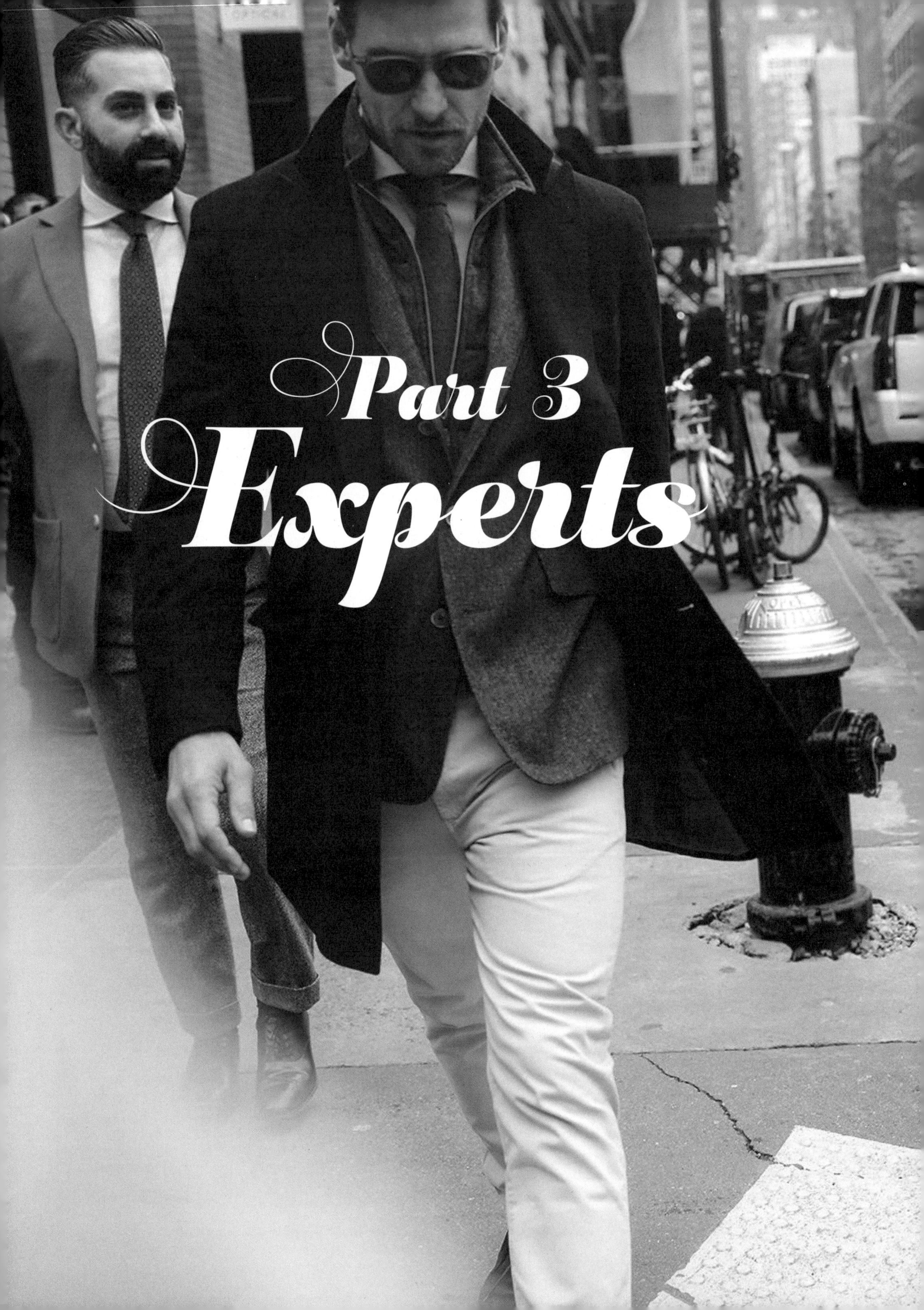

Part 3
Experts

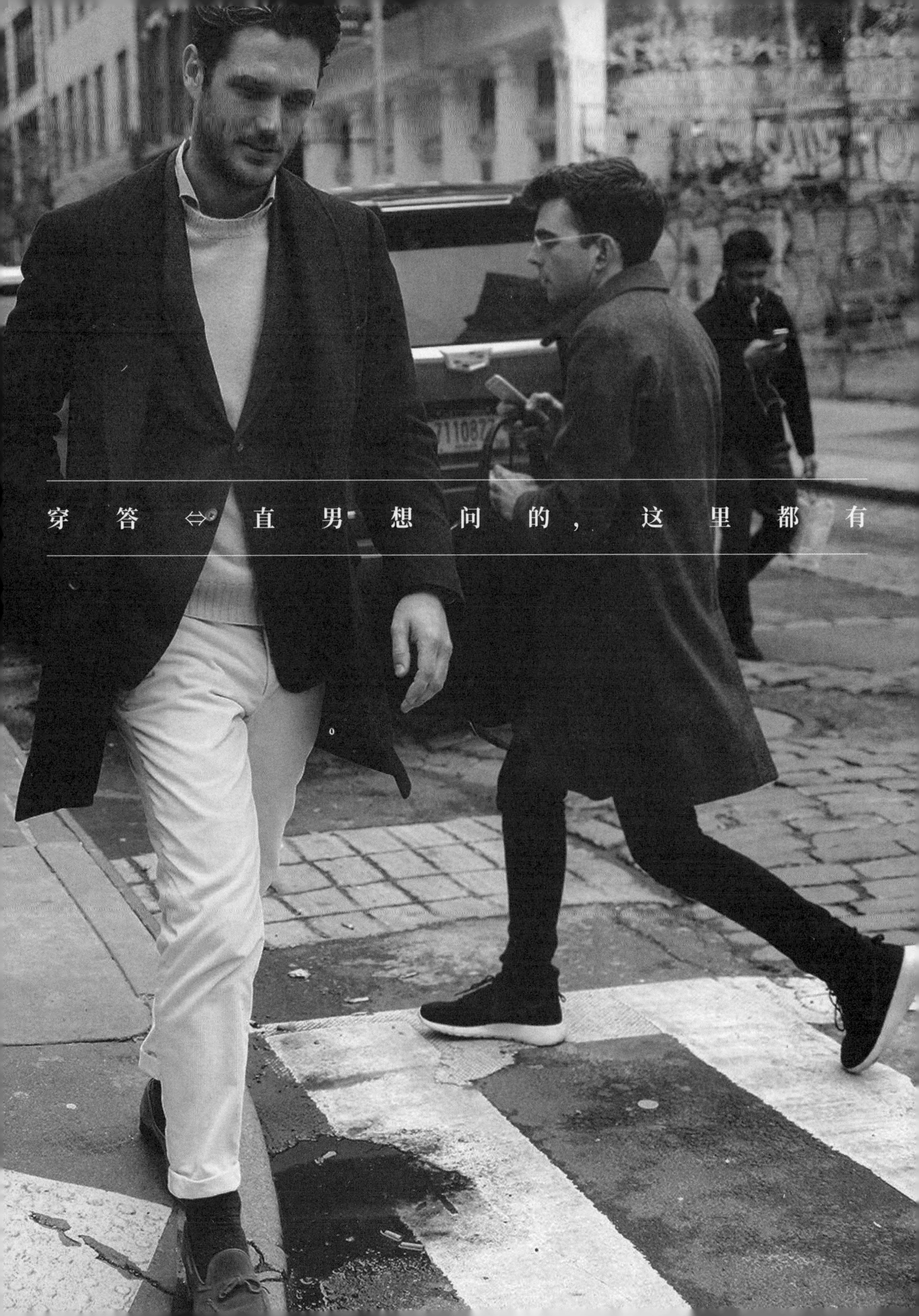

穿答 ⇔ 直男想问的，这里都有

HOW CAN A MAN WEAR A SCARF AND GO OUT WITHOUT MAKING HIS GIRLFREND LOSE FACE?
男人怎么系围巾，出门才不会给女朋友丢脸？

○系围巾是一门技术。

○你可以根据围巾的材质、长度、使用场合以及天气温度来决定到底应该怎么系。简单且有品位的系法，是把围巾挂在脖子上即可，尤其适合穿正装或大衣时；如果是出席酒会或者宴会等正式场合，需要将围巾交叉后放在衣服内侧；如果是日常工作或者出街，围巾就不一定非要塞在衣服里面，可以随意一点。穿深色正装可以尝试亮色的围巾，看起来比较时髦、有腔调，但一定注意围巾的厚度，如果太厚会破坏正装的外形。另外一点需要注意的是围巾的长度，如果太短，脖子上就像挂了条毛巾；如果太长，会显得太浮夸。正确的长度应该是围上之后围巾的末端低于正装的第一粒纽扣，高于衣服下摆。

○悬挂式系围巾方法绝对不是为了保暖的，但当姑娘隐隐约约看到你高级大衣里面精致服帖的围巾时，就会觉得你特别性感优雅。巴黎结不如悬挂式那么正式，但是是最省心省力的一种系法。它比较好操作，就是将围巾对折后围在脖子上，再把末端从“洞口”拉出。根据围巾的不同长短以及对松紧度的控制，能系出不同的效果。围巾短且系得紧，看起来比较利落有型。如果是长围巾松松地系一下，看上去会比较慵懒有个性。

○告诉各位一个造型的诀窍，围巾的末端不要对齐，以免过于刻意呆板。

○围巾对折后的长度应该在你的“鲨鱼线”(如果你有的话)附近，而且材质一定要硬挺，过细过长都会显得太“娘”。

○巴黎结系法不仅很保暖而且造型简洁便于行动，不管怎么动它都不会掉下来，所以特别适合冬天骑重机或者开敞篷车的时候使用。

○在大街上，10 个直男里，有 9 个会在一圈缠绕式系法上“跌倒”。这种绕脖子一圈的系法只适合宽围巾，而且这一圈的松紧度特别重要。系太紧看起来很勒，有一种窒息感；系太松起不到保暖的作用，而且造型不易维持，可能过一会儿就要调整一下以免围巾掉下来。

○一圈缠绕式系法和巴黎结系法一样，可以根据你的喜好把围巾的两端调整为一长一短。一圈缠绕式系法虽然不太好掌握，但是对于围巾的长度不那么挑剔，所以还是挺实用的，建议多加练习。

○在保暖度上，没有什么系法能超越套圈式，它能把脖子包得最紧。这种围巾绕好几圈的系法的特点是要把围巾的末端藏在围巾里。缺点是很容易松，可能动动脖子，风一吹就掉，所以我的建议是把围巾的末端打个结，起到固定的作用。套圈式如果系得好就会很好看，一般时装周能被街拍的男人都喜欢这么系。

○棒针或者厚款毛料围巾适合套圈式，看起来造型感会很强，但为了让整体比例看起来协调，一定要搭配短款修身夹克和修身长裤。

○最后再提醒各位一点，搭配围巾的外套必须是简洁低调的款式。如果今天穿的是一件貂皮大衣或者带狐狸毛领的“抓马”大衣，就千万别再系围巾了。

○系围巾是能给整体造型增色的一个好办法。对于男士围巾的系法，其实不需要追求复杂和与众不同，反而是最基本的系法最耐看，最有男人味。

○只要掌握系好围巾的小细节，你就是冬日里最有风度的男人。你圈住的不只是温暖，还有姑娘的心。

⚡

LONG HAIR IS TOO HOT, AND BUZZCUT IS UGLY. WHAT KIND OF HAIRSTYLE IS SUITABLE FOR A MAN?
长发太热、寸头太丑，男人到底适合留什么发型？

○每个人都想剪一头酷炫的发型，可惜人生总不会称心如意。特别是春夏两季，很多人都发现有两座难以逾越的大山摆在自己面前：长发太热，寸头又太丑；社区理发店里的艺术造型总监 Tony 太烦人，10 句话里 9 句在催你办卡。

○其实帅气发型的精髓只有两点：不要头发帘；不要大背头。

○首先，“不要头发帘”为的是让你看起来像个硬汉。男人最傻的动作就是每隔 15 秒甩一下长至眼珠的头发帘。只有勇敢地露出额头，才能用印堂穴发射雄性荷尔蒙。

○其次，“不要大背头”，原因也简单，大背头（All Back）这两年已经滥大街、越来越土了。尤其在 38 摄氏度的艳阳天，人人都抓一把发油把头发往后梳，不仅土还很脏。而且，稍长的头发可以有很多发型去选择，不止油腻的大背头。

○那么，什么样的发型可以让你每天走出家门就开始闪光呢？

如果很短

寸头大概是所有男人最熟悉的发型了，能用一把电推子解决的发型都叫寸头。很多人拒绝剪寸头，认为太丑了。其实错的不是寸头，而是你不会选寸头的类型。寸头也有很多分类，一把推子也能推出很多花样，选择合适自己的最重要。

✂ 当一个男人剃成圆寸时，说明他已经有了抛弃世间三千烦恼丝的觉悟，只为自己心中的火焰而奋斗，例如樱木花道。

✂ 圆寸简单却能引出男性最原始的杀气，只要看看这几年将东欧斯拉夫民族的文化引至时尚潮流顶端的男人 Gosha Rubchinskiy，就能明白。但很多人因为头型不够圆而在圆寸上折翼，转而对寸头产生排斥心理。不要慌，下面这款寸头就是为你们这些折翼的天使打造的。

基本款

适合人群	硬汉、受打击后想削发明志者、樱木花道
适合脸、头型	尖下巴、天灵盖有着完美的弧线、圆形后脑勺
打理难易度	早教班级
如何和 Tony 沟通	“我失恋了，给我沿着头皮剃光，别和我讲话，我会哭”

✂ 圆寸是夏日最基础的发型，但也是最考验男人颜值的发型。它需要一个棱角分明的尖下巴和标准的球形脑壳。如果一个男人剃圆寸可以帅出天际，那他就能驾驭时尚杂志里的所有发型。

适合人群	不适合圆寸的硬汉
适合脸、头型	天灵盖扁平、后脑勺扁平、发际线过高
打理难易度	幼儿园级
如何和 Tony 沟通	“剪个寸头，但我脑袋不够圆，给我上面留一点，师傅我睡会儿，剪完叫我”

✂ Crew Cut 就是在圆寸的基础上，在脑袋顶上多留点儿头发。Crew Cut 有很好的修饰作用，它可以把本来不圆的脑壳，强行变圆，从而达到完美圆寸的效果。

✂ 原本属于扁脸的“贾老板”(Justin Timberlake)，就依靠锅盖寸，让自己加入了瓜子脸的行列。

进 阶 款

适合人群	对寸头有更高要求的与众不同者、发质如黑人发质者
适合脸、头型	短脸、五官棱角分明
打理难易度	重点高中级
如何和 Tony 沟通	“帮我剪成赤木刚宪那样，我还是个高中生我不办卡”

✂ 没错，这就是《灌篮高手》里赤木刚宪的高平头。

✂ Flat Top 的特点就是在圆寸的基础上，将头顶上多留点儿头发并完全铲平，犹如直升机停机坪一般。

✂ 这类发型适合刚硬如铁的发质，所以在黑人中特别流行。浑身都是戏的威尔·史密斯(Will Smith)早期就靠这个发型火遍好莱坞。

✂ 千万别觉得 Flat Top 已经过时，选不对适合自己的，你剪什么都过时。

✂ 想要驾驭这种发型，你的五官需要足够有棱角，并有一颗不甘流于世俗的心。强硬的 Flat Top 配上棱角清晰的脸型，非常有气场。

✂ 说白了，重要的是不要刻意迎合他人的审美。这种别人不会轻易尝试的发型，说不定就是最适合你的款。

如果不长不短

如果你的头发处于不长不短、一觉醒来会呈爆炸状、必须拿发油修饰的长度：不要再梳背头。

背头实在太俗，以下两款发型可以彻底拯救起床后头发凌乱的你。

基 本 款

适合人群	金融业白领、绅装爱好者、偶像包袱过重者、看上去很有钱者
适合脸、头型	瓜子脸、长脸
打理难易度	本科级
如何和 Tony 沟通	“给我来个常春藤发型，我虽然有钱，但我不办卡”

✂ Ivy League 指的是常春藤发型。

✂ 在欧美，任何事物例如西装、发型、鞋履，只要出现“常春藤风格”这几个字，那就代表着上流社会。

✂ Ivy League 的特点是头顶上方是用发油精致打理的“三七开”或“一九开”，前额的头发从前往后有层次地渐短，两侧和后脑勺的头发从上往下有层次地渐短。

✂ 这是现代社会标准的“有钱小哥发型”，也是一个标准帅哥该

有的基本款发型。

- 新一代万人迷瑞恩·高斯林（Ryan Gosling）就是常春藤发型的代表。
- 全世界最会穿衣的男人尼克·伍斯特（Nick Wooster）也是常春藤风格的拥趸。

进 阶 款

适合人群	不羁放纵爱自由者、机车爱好者、毫不在意他人目光者
适合脸、头型	不管你是什么脸型，慎重选择，除非你很自信
打理难易度	顶级学府级
如何和 Tony 沟通	“给我来个飞机头，我不要发根定型也不要办卡，你就教会我怎么吹就行”

- Pompadour 原本是女式发型的一种，特点是头发前端高高地隆起。后来被流行巨星猫王成功移植到男性头上后，有了更响亮的名字——飞机头。
- 从美国摇滚巨星到日本街头暴走族，飞机头一直是叛逆的象征。
- 但这个发型只有少数人能驾驭，请不要轻易尝试。
- 想要拥有这样的发型，你必须毫不在乎他人的眼光，精神上要达到无我的境界，只追求与自己的灵魂深处产生共鸣。
- 只有坚信自己追求的、自由的男人，才能梳飞机头。

如果很长

如果你苦留了两年头发，终于可以感受当年 F4 甩着长发唱《流星雨》的快感，但又害怕面对夏日的高温时，怎么办？首先，不要怕热，如果一件羽绒服够帅，那么夏天也值得穿它出门。

其次，推荐下面这两款既潇洒又不热的长发发型：

基 本 款

适合人群	一头秀发不舍得剪者、洗澡不怕头发堵下水道者、苦恼于“地中海”者
适合脸、头型	不挑脸型，但有络腮胡最佳
打理难易度	初中级
如何和 Tony 沟通	先把头发留长再说，忍住别去找 Tony 剪头发

- 长发想要夏天不热，唯一的方式就是扎起来。
- 将长发从四周扎至后脑勺中央，绑成一个丸子，就是标准的 Man Bun。
- 亚洲人柔软的长发，最适合的就是扎 Man Bun。
- 夏日选择 Man Bun 发型时要注意：千万不能凌乱。
- 将每一根头发丝都扎紧和任由散乱的发丝在你脸周围飞舞，就是精英和流浪汉直接的区别。

THE 20 DRESS CODES FOR MEN AFTER 25 YEARS OLD
25 岁后男人的 20 条穿衣准则

✂ 由于 Man Bun 将所有的发量都集中在了头顶，所以这种发型还是“地中海”的福音。

✂ 扎上 Man Bun，彻底告别“为什么我长得这么帅，但是要掉头发”的悲伤。

进 阶 款

适合人群	头发够长又敢于折腾自己者、嘻哈（Hip Hop）灵魂承载者、立于时尚浪潮顶端者
适合脸、头型	瘦长脸（亚洲人的肤色）
打理难易度	博士级
如何和 Tony 沟通	这发型 Tony 肯定不会弄，去找专业做辫子的

✂ 这不是看上去几年不洗头的牙买加脏辫。

✂ Single Braids 是辫子头的入门款，也是最适合亚洲人的辫子发型。它的特点是将脑袋两侧和后部剃光，将头顶的长发编成一束束单独的小辫子。

○以上“男人发型圣经”，非常浅显易懂。

○如果你没学会，那就再看一遍。只需根据自己头发的长度选择上述相应的发型，保证你今夏重新做回自己脑袋的主宰者，让理发店的 Tony 们乖乖闭嘴。

○以上这些发型，随便剪，帅炸天。

⚡

○对男人来说，25 岁算一个重要的分水岭，是人生 1/3 的节点，“福布斯排行榜”上的企业创始人，有相当数量的是从 25—30 岁开始自己事业的。

○ 25 岁的男人，毕业几年了，已经不再是别人嘴里“刚毕业的小孩儿”。需要考虑着找一份薪水更高的工作，考虑是否要换一个不一样的女朋友，考虑是否出国去生活一段时间看看，不自觉地拿自己跟身边的朋友比较，也考虑着是否要去创业做点大事情，但是，又犹豫不决，害怕失败。

○发现自己老得很快，皮肤变差，掉头发，事情熬夜也做不完，明白自己并不像小时候想象的那样全知全能、精力无限，需要学习管理时间，也得开始注意健康，不可以再整天“夜店跟我摇起头，一嗨嗨到天尽头”。

○跟很多陌生人打交道，开始应酬却又畏首畏尾，不知道开口说些什么，不知道怎么表达自己，甚至不知道手放在哪里，不知道穿什么衣服。

○我不能教给你们怎么登上“福布斯排行榜”，但至少，可以教给你们怎么穿衣服。

○过了 25 岁，穿得像样是件最重要的事情，给 25 岁后的你们 20 条穿衣的基本准则，请比对后自行改正。

01——— **穿衣服是件挺重要的事情**

早晨换好衣服准备出门的时候，照照镜子，扪心自问自己穿得是否得体，是否体现出了对别人的尊重，穿衣服绝不是生活中最重要的事情，但已经足够重要。

02——— **懂得什么是“好”，必要时可以装，但别被识破**

在这个年纪消费不起很正常，保持对生活的兴趣和探索，提升自己“好”的标准，偶尔装一下，但在酒吧掏出钥匙的时候，千万不要被人识破钥匙扣是从淘宝买的。

03——— **数量不在多，买你能买得起的最好的衣服**

衣服和鞋是非常值得投资的，但是要精心挑选，不要追求数量的多，力求每一样都面料优质、款式经典。

04——— **脸长得好看加分，不好看难道还能去死？**

都说脸长得好看的才有青春，25 岁以后，长相的重要性会随着青春的血槽变空而降低，也就是说会穿衣、有气质的你的出头之日就要来了。

05—— **保持身材，让身体不挑衣服，是接下来几年最大的挑战**

昂首步入30岁的过程中，和你同行的往往没有伴侣，没有高薪，没有前途，只有成吨的脂肪；久坐、疲劳、高热量都是敌人，不求肌肉发达，但求保持苗条。

06—— **不穿带大面积 Logo 的衣服**

如果就是喜欢花里胡哨的，请选择无意义的重复图案。

07—— **在什么场合，穿什么样的衣服**

当你穿上一件天津泰达或者上海申花的球衣，出现在周五晚的工人体育馆外……

08—— **开始关注面料，比了解品牌更重要**

懂得什么是优质的服装面料，买衣服买的永远是面料、款式、剪裁，而不是牌子。

09—— **醒醒！大学早已毕业，买一双像样的鞋**

大学里面可以一直穿球鞋，但是现在大学已经毕业了，去买一双正儿八经的皮鞋。《王牌特工》里的台词“牛津好过布洛克”，有那么一点道理。

10—— **不论做什么工作，必须有一身正装**

当你出席朋友婚礼、在公司年会登台、参加重要的面试时，一身正装是必须要有的，如果这些活动你都没有，先反思一下自己的社交圈子去哪儿了。

11—— **佩戴配饰，细节处容易体现品位**

关键是，配饰比衣服便宜得多。

12—— **尽量少穿白袜子，尤其是白色长袜**

You are not（你不是）迈克尔·杰克逊。

13—— **如果不是去运动，尽量别穿运动鞋**

You are not（你不是）史蒂文·乔布斯（Steven Jobs）。

14—— **尽量不要穿秋裤，除非天天在户外工作**

裤子千挑万选，一条秋裤把腿撑得圆滚滚，一秒钟毁掉所有细节，如果实在太冷，请穿羽绒裤。

15—— **领带有两条，一条宽，一条窄**

25岁后，宽的用来面见岳父大人，窄的方便你从岳父家出门后右转拐进夜店放松。

16—— **衣服鞋子请两天换一次，最多三天**

两天一换吧，三天就馊了。

17—— **学会正确的洗衣服、擦鞋子方法，把高价值的衣服鞋子保存好**

花钱买一身过得去的衣服，扔到洗衣机里面转出来就变成了一条抹布，直接用来擦鞋擦地板、做狗窝还挺合适。

18—— **成衣永远买小一码**

这是一条神奇的购衣铁律，保证合体最简单的窍门，只要勒不死，一定要买小一码，适用于任何欧美品牌的成衣。

19—— **找到身边最会穿的人，模仿他的风格**

跟身边的人学任何事都最快，这个人应该会让你产生一种莫名的自卑感，所以留心观察他的举止行为，穿衣服的细节，大胆模仿。

20—— **不要紧跟潮流，而是追随经典**

你是追不上潮流的，最聪明的方式是永远比潮流慢个1—2拍，这样才能分辨什么是一阵风，什么是经典。

⚡

WHAT SURPRISES WILL A WAISTCOAT BRING?
穿件马甲有哪些意想不到的结果？

○在姑娘眼中，穿着得体精致的正装马甲的男人就算是“衣冠禽兽”，也想扒开马甲看看他到底有多坏。

○一件得体的马甲就是能修饰男人的线条和气质——渣变成痞，坏变成帅，让姑娘欲罢不能。

○但是请注意，这只针对马甲穿得好的男人；穿不好，只会让你看起来像个学大人穿衣服的小屁孩儿。

○下面，就给各位讲讲如何穿好正装马甲。

注意场合

○如何穿好马甲和如何做一个好男人的标准一样——什么场合干什么事。

○马甲从领型、开襟到扣子分为不同的款式，每种款式都有对应的适合的场合。

领型

○不同的领型正式程度有所不同。

○马甲从领型上分，最常见的是无领、平驳领、戗驳领还有青果领。

○无领也叫 V 领，是最常见的款式。英式三件套都会搭配这种款式的马甲，如果你第一次穿马甲但不知道选什么款式，就选无领马甲。

○驳领马甲更正式，分为平驳领和戗驳领。一般正式晚宴礼服都会搭配驳领马甲。戗驳领较平驳领更为正式，并且一定是双排扣款式。

○青果领出镜率较低，一般场合用不到。它通常搭配最高级别晚宴燕尾服，如果你需要走个红毯、参加个英国皇室国宴的话，就会需要青果领马甲。

开襟

○马甲最常见分为单开襟和双开襟。

○单开襟是最随意、最日常的款式。平时陪姑娘逛街需要凹造型时，就选单开襟的马甲。

○双开襟比单开襟正式。身着双开襟马甲时一定要搭配绅装。

○另外像斜襟、立领等“异教徒”款式千万不要选，穿上一秒变烤鸭店服务生。

扣子

○马甲，扣与不扣也很有讲究。首先不能敞开，除了被开除或准备就寝时你需要解开扣子、敞开马甲，其余时间一定要扣好。

○扣子的数量也有讲究。正装马甲的扣子数量从 3 颗到 6 颗不等，并且扣子越多越正式。

○但你想在定制马甲上做 10 颗扣子彰显自己的地位，也没人拦着你。

○另，穿绅装时马甲的最后一颗扣子不要扣上。

○针对不同程度的正式场合，一定要选择相应的马甲。对于要面子的男人来说，出错可是一件丢脸的事。

一定要合身

○男人不管做什么，“刚刚好”就是最好的选择。

○马甲作为你衬衫和西装之间的“中衣”，一定要合身到“刚刚好”。

长度

○长度要刚刚好。马甲的长度要根据你的裤子来选择。根据你的身高、裤子的高低腰，所选马甲的长度也有所不同。

○不能过短，长度一定要遮得住腰带与衬衫。最初衬衫作为内衣除了领子和袖子其余都不可以外露，露出来会很狼狈，而马甲就是用来遮挡堆在衬衫与裤子之间的部分的。

○不能过长，马甲能拉高你的腰线、拉长你的腿线，是“五五开”身材的救星。切记：万万不能长于你的西装外套。

○刚刚好的长度就是马甲下端正好搭在你的胯骨上，既拉长你的比例，还能挡住让你尴尬的部分。

松紧

○松紧也要刚刚好。首先，马甲穿在里面过松或过紧你都不会舒服；其次，马甲是你身上的细节，即使你的西装再贵再得体，你的马甲松紧不合身就会毁了你整体的打扮。

○所以，选择马甲一定要选服帖得刚刚好的，标准是：不解开扣子可以轻松地坐下，扣子处不能有紧绷的勒痕；下摆贴身，腋下贴身，肩部一定要服帖没有空隙，宽肩马甲的肩线不可宽过衬衫的肩线。既不影响正常活动，看起来又线条饱满，才是一件刚刚好的马甲。

○如何穿好马甲除了注意上述内容以外，还有几点需要注意。

①

马甲的口袋不要装大件东西

最初马甲的口袋是放一些贴身贵重物品的，
如戒指、怀表、票据等。
现在的马甲口袋多为装饰，不管内穿外穿，
如钱包、手机等物件千万不要放在马甲口袋里。
如果非要放点什么，
一块儿高级一点儿的手帕可能会是最好的选择。

②

双排扣马甲不能搭配粗花呢西装

双排扣马甲是较为正式的马甲，
而粗花呢是比较休闲的绅装，所以按照传统的惯例，
不要将两者搭配在一起。

③

如果马甲选不好，
就选择与西装同质地的正装马甲凑成三件套

虽然说这样有点儿老套古板，但是肯定不会出错。
总比为了彰显与众不同的品位而瞎穿一通好。

○如果注意以上所有事项，就不用担心穿不好马甲了。

HOW TO GET FIT PANTS?
如何买到合身的裤子？

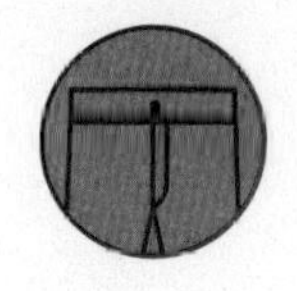

○男人对裤子的重视程度总是过低。

○有些人为了省事永远都买大一号的裤子，然后用皮带将自己勒至窒息；有些则是紧身低腰破洞牛仔裤爱好者，一弯腰就露出一截空气感四角宽松内裤；更有些男人对裤子的审美还停留在韩剧时代，即使气温零下40摄氏度也必须穿着露脚踝的九分裤。

○如果你不想被姑娘吐槽“你人看着还行，怎么穿了这么条裤子”，就必须认真对待穿裤子这件事。

○为了让你们避免穿错裤子的尴尬，我来教教各位如何找到一条适合自己的裤子。在挑选一条合适的裤子前，你必须知道自己的尺寸，否则就会陷入反复在店里试裤子的死循环当中。

○你需要先深入了解一下自己的各项数据：

中腰围　取肚脐到胯骨的中间位置，将软尺绕其一周。这是最重要的尺寸，有啤酒肚的兄弟也不要刻意吸气，不然你买回来的裤子肯定穿不上。

高腰围　是腰部最细处的围度。喜欢高腰裤的可以量一下。

臀围　是以软尺绕过自己臀部最突出点量得的周长。有时候裤子不合适就是因为你屁股太翘。

裤内长　想知道自己的腿到底有多长吗？量一下从大腿根部到脚踝的长度即可。

○只要将这4个数字牢牢记住，以前可能要试10条裤子才能命中，现在保你一次就行。

○在了解完自己后，该了解裤子了。不同款型的裤子间的尺码也有出入，我将市面上的裤子分为两类跟各位分析。

如何买到合适的牛仔裤

○无论到什么时候，牛仔裤都是广大男人的刚需，是平常最常穿的裤子，但也最容易穿丑，比如过于宽松或者过长。

牛仔裤上的“W30L32”到底是什么意思

○选裤子的第一步就是要了解它的尺码，否则面对店铺里成堆的牛仔裤，你永远是一头雾水。

○不知道自己是什么尺寸，也看不懂“W30L32”“175/76A”这些标签，更弄不明白导购小姐嘴里说的“二尺几”到底是多少。

○比如“W30L32”这个尺码中的W是代表腰围（Waist），需要根据裤腰的高低对应我们之前测量的腰部尺寸。

○L是代表裤子的长度（Length），不过这个长度和我们一般理解的不一样，它是指裤内长，也就是上面提到的让你们拿软尺量的那个数据。

○而“W”“L”后面的数字的单位是英寸（inch），1英寸等于2.54厘米（cm）。所以“W30L32”就是指腰围76cm、裤长81cm。

○在腰围大小一样的情况下，考虑到每个人腿长腿短的问题，也有几个尺码可以选择。比如“W30L32”“W30L33”“W30L34”等。

○另外一种牛仔裤的常见尺码形式是“175/76A”。“175”是指身高，“76”是指腰围，两者的单位都是cm，A是适中体形的代号，如果不是过胖或过瘦，就是A类。这个尺码适合身高在173cm到177cm、腰围在75cm至77cm之间的男士。

远离低腰裤

○当你找到适合自己的尺码之后，第二步就是要看裤腰，那些一弯腰就露出大半截内裤的低腰裤是姑娘们最不喜欢的款式。

○从穿着舒适度、合体度上来说，中腰裤才是最正确的选择，无论胖瘦都可以穿。

○另外，各位一定要记住，裤腰在拉好拉链、系上扣子之后应该呈现“刚刚好”的状态。简单描述一下就是：不能过紧，导致腰间出现两坨肉，别以为是在健身房练出了“爱的把手”，其实那只是脂肪而已；不能过松，避免不系皮带就要频繁提裤子的行为。

○如果你量完腰围发现自己是31.5英寸，那就可以选择31码，刚穿上可能会稍微有点儿紧，但由于牛仔面料会随着你的频繁穿着而慢慢变松，过一两个月之后就会刚刚好。

裤子长并不等于腿看起来长

○在大街上，经常看到走来走去的人裤子极长，远远看去脚踝处仿佛堆了一串肥肠。不仅看上去十分邋遢，身高也瞬间从175cm变成168cm。

○裤子到底应该多长是有一个衡量标准的，英文里有个专有名词叫Break，是指裤脚与鞋面之间因布料堆砌而形成的折痕。这个不起眼的小细节可是裤子的精髓所在，只有掌握了它你才能在选裤子这件事上改头换面。

○按照折痕的深浅程度，可以分为Full Break、Medium Break、Quarter Break、No Break。

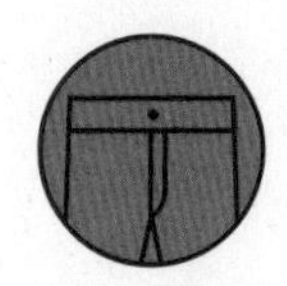

○牛仔裤最得体的长度标准是从正面看既看不到袜子，又不会把鞋面盖住，使整个造型看起来不邋遢，顺畅整洁。

○如果你喜欢赤耳丹宁，一定要选择 Full Break 的长度。因为这种款式的特色就是裤管缝合线的两侧各有一条红色走线，裤子长一点儿是为了能向上卷起，把这个小细节露出来，可以体现自己的审美趣味。

○此外，卷多少、卷几次也有讲究。在我看来，卷一次的、卷边宽度在 4—5cm 比较好看。

○卷两次的，卷边的宽度应该稍窄一些，2—3cm 为佳。如果卷完两次之后裤脚还是能触及脚面，那这条裤子就太长了。

○其他款式的牛仔裤选择 Quarter Break 就行，长度刚刚碰到鞋面，有一个轻微的折痕，这样会显得腿比较长。

在姑娘眼中，紧 =“娘炮”

○相信所有男人的一个共同噩梦就是，穿一条过紧的牛仔裤被姑娘吐槽太“娘炮”。如果你把握不好这个度，这里有几条判断标准供你参考。

○首先，如果你没有《猜火车》男主角那样的英式颓废，只是一个老实人的话，永远不要企图买一条紧身裤（Skinny Fit）。因为这种裤子穿起来的效果就如同潜水服，你臀部的每一寸曲线、内裤边以及罗圈腿都会被勾勒得清清楚楚。

○不管是自行车狂热爱好者还是乒乓球达人，只要你腿部肌肉发达到双脚并不拢的程度，就千万别选直筒裤（Straight Fit）款式。就像它的名字一样，这类裤子的裤腿通常比较宽松，而且大腿和小腿的剪裁几乎是直上直下、完全没有修身作用的，所以腿看上去不仅粗，还短。

○只有修身裤（Slim Fit）和锥形裤（Taper Fit）才是拯救弱鸡腿、大象腿、罗圈腿的万能灵药，穿上去能大致显出大腿、膝盖和小腿的轮廓，但又有一些空隙不至于太憋。只有这种上粗下细的款式才能比较好地修饰腿型。

○但是因为每个人腿的围度、胖瘦各不相同，即使是选择了这两款牛仔裤也难免会出现过松或过紧的情况，所以当你在试穿时，还需要考察以下几项。

○试着捏紧大腿处的裤子面料使其紧贴腿部，如果这个富余量的宽度在 2—3cm 说明正合适，如果超过 3cm，就是过于宽松。找个椅子坐下，再重复这个步骤，如果一点儿面料都无法抓起，说明裤子太紧。

○把手机装进裤子口袋里，如果旁边的人能准确说出你用的是 iPhone X 还是三星 Galaxy 6S，说明裤子太紧。

○做 90 度高抬腿，如果无法完成这个动作或者比较吃力，那裤子还得换大一码。

○此外，裤子是否能轻松穿脱也是考察其松紧程度是否合适的重要一项。如果脱裤子的时候卡在膝盖处无法继续往下，稍一用力就会重心不稳，出现“并腿蹦”的奇怪场面，你就应该知道这条裤子无法买回家了。

○综上，选购牛仔裤的关键流程是：判断尺码，选准款式，穿上试松紧。

如何买到合适的绅装裤

○我们都喜欢高级的羊绒大衣、定制绅装以及衬衫，但是如果你的裤子稍微不得体的话，整体看起来都会非常别扭。绅装裤是一个大的概念，包括搭配礼服的正装裤、普通西裤、卡其裤等。因为款式、风格上比较类似，所以判断的标准也差不多。

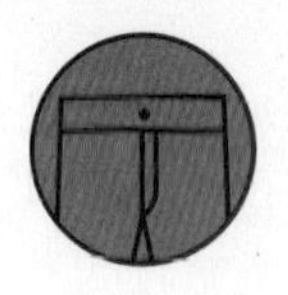

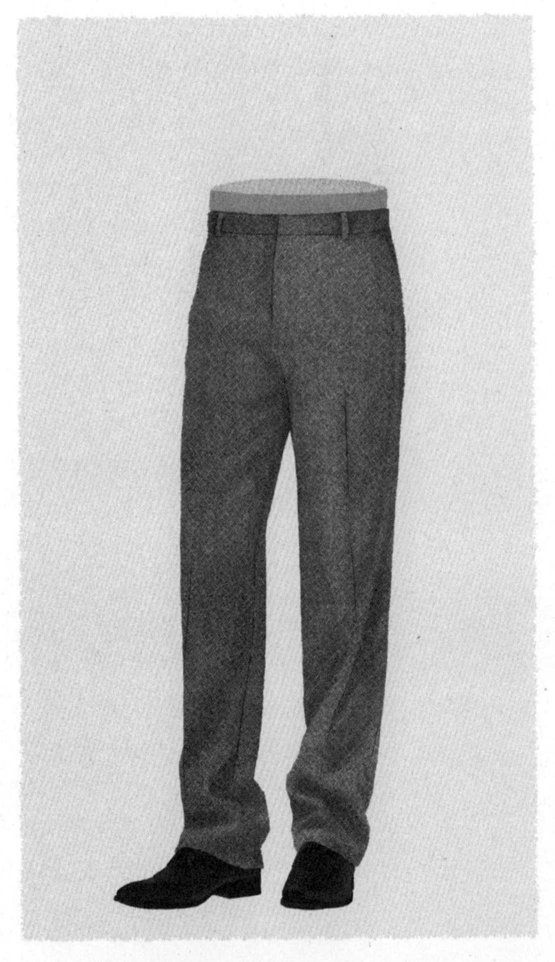

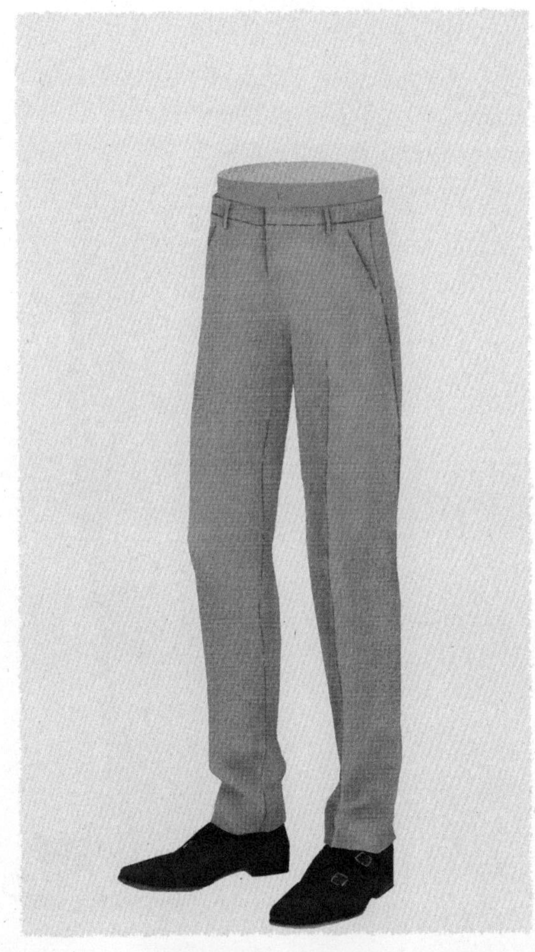

○一条好的绅装裤从来不是、也不应该是你整体造型中的亮点所在，它的作用是自然地将你身上其他的着装整合起来，让你看起来线条顺畅。

○因此对绅装裤的要求只有一个：合体，不出纰漏。

没买过根本搞不懂的意大利尺码

○有品位的人衣橱里总会有几件意大利高级绅装，然而对于从来没买过的人来说，根本不知道裤子标签上的“44、46、48”是什么意思。

○从表面看，很难推算出这些数字到底代表哪项尺寸，其实对应的还是腰围，44指的是28英寸，依次类推。但不同品牌间尺寸差异较大，可以上官网去查询一下对应的尺码表（Size Chart）。

○有时候在数字后面还会加字母S、R、L，这说明某一款裤子分为不同裤长，S为短款，R为正常款，L为加长款。

想要摆脱“六四身”，就穿高裤腰

○对于绅装裤来说，裤腰合适的判断方法很简单，就是不需要系腰带，不松不紧，刚好有能插进一根手指的空间。

○一般来说，绅装裤的腰线要比牛仔裤稍高一些。而更加复古的裤腰款式是要包覆住肚脐的。在第一部分测量身体数据的时候我们有讲到，这个区域是腰部最细的部分，高腰裤的一大弊端就是裤腰卡不住腰，容易往下掉，所以经常是和背带一起配套穿。

○因为裤腰比较靠上，所以在视觉上双腿被拉长，穿上这种裤子，姑娘再也不会说你是“六四身”。但在舒适度上可能不尽人意，会有点勒。

裤子到底穿多长才不会被吐槽没见过世面

○比起牛仔裤，绅装裤的长度问题更需要引起足够的重视，因为不光涉及好不好看，还关乎会不会失礼。

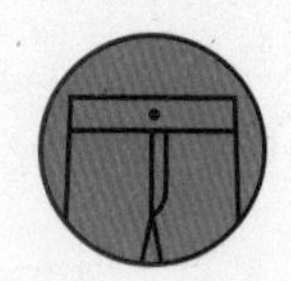

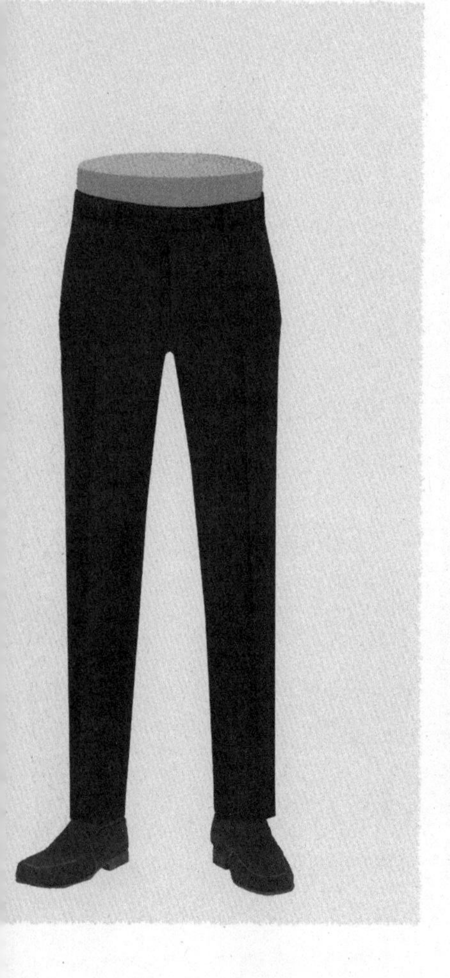

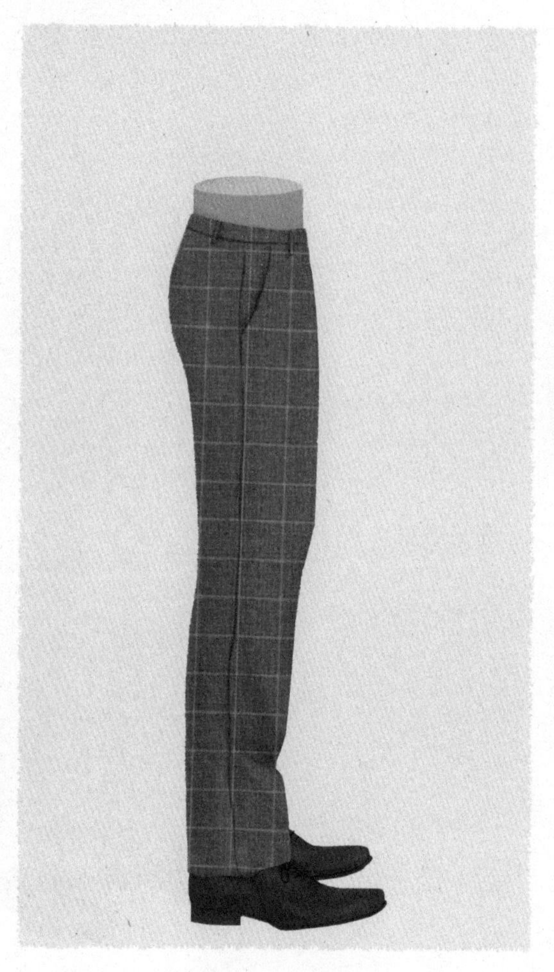

○ No Break 这几年也很红，无论是韩剧男主角还是国外街拍达人都爱穿这种“短一截”的裤子。但要告诉各位的是，如果你穿着一条裤脚盖不到鞋面的裤子出席重要宴会，人家只会觉得你是个没见过世面的小屁孩儿。

○这种让裤子不会出现一点点褶皱的长度只适合休闲西裤或者卡其裤，平时出门穿穿是完全没问题的，搭配休闲西装和运动鞋就挺好，比较低调，且能适当体现自己的时髦度。

腰细屁股大怎么办

○按照款式，常见的绅装裤有无褶、单褶两种。

○根据西方着装礼仪，无褶裤相对来说更正式一些，看起来更加简洁利落。而单褶裤更加传统复古，缺点是裤褶会让你的下半身看起来有些臃肿。但是对于臀部和腿部比较壮实的人来说，反而可以选择有裤褶的款式。

○首先要考虑的是，你即将出席的场合有多正式，然后再考虑你想要自己看起来保守低调还是时髦骚气。

○就算你自己拿捏不准也没关系，可以确定的是绝对要避免裤腿一直拖到脚后跟的 80 年代老爹风格，以及迈克尔·杰克逊式的九分裤长，这两者对于要求正式着装的场合来说都非常不得体。

○对于大部分半正式以及正式场合来说，Quarter Break 和 Medium Break 是最实用的选择。需要注意的是，这两种长度的裤子在坐下的时候都会露出袜子和脚踝，一定要搭配正装长袜，避免让别人看到你的腿毛。

○当然也不是说 Full Break 是完全禁止的，只是这种裤脚处会有简单的一两个褶皱，坐下时也不会露出脚踝的风格偏保守，但如果你在银行、律师事务所等对工作严肃性要求高的行业工作，就非常适合。

○因为这部分人在买裤子的时候，常常会面临臀围合适而腰围过大的问题，带裤褶的款式就可以解决腰细屁股大人群不知该如何选尺码的问题。而且裤褶本身是折叠的，当坐下时它会自动展开，臀部的地方不会过紧，比较舒适。

○需要注意的是，当你选择了有褶西裤，那就需要选择翻边的裤脚与其相配，这是一个固定搭配。

○这种翻边还能起到一个“铅锤”的作用，让裤子上方的褶“坠”在正确的位置。

穿上裤子之后记得从镜子里看看屁股

○绅装裤的肥瘦问题也可以借鉴牛仔裤的很多标准来进行评判，这里就不再重复。只是有一个点需要特别强调一下，那就是臀部。

○这是很多人会忽略的一个点，因为大家照镜子时一般只注意正面，而且穿绅装的时候上装都会把臀部盖住，基本上很难发现臀部有问题。所以当你在公共场合脱下上装的时候，问题就来了：一个暴露三角内裤痕迹的紧绷屁股或者充满坐痕的空气感屁股，都会让走在你后面的姑娘对你的正面失去好奇心。如果你对自己要求严格的话，这是一定要注意的。下半身的尺寸真的很重要。

○虽然平时我们很少会评价一条裤子到底好不好看，它远不及大衣、上装、皮鞋那么引人关注，但一旦穿得不合身，在别人看来就会变得碍眼无比。

○一条好裤子的标准并不复杂，说到底，就是要适合自己。说实在的，姑娘的心思猜不透，你永远不知道她会先看你哪里。

○但你也不用太在乎姑娘的目光，真正应该在乎的，是你自己。

WHAT KIND OF COAT CAN BE WORN?
穿什么样的外套能显个儿？

○在追姑娘这件事上，身高绝对是一道门槛。但很多男人对自己的身高没有明确的认知：一直安慰自己并不矮，姑娘总有一天会被自己的才华和人品迷倒。不知道自己是“六四身”，感觉没什么衣服是自己不能穿的。

○以上两点兼认定者长高是不可能了，但可以从穿衣搭配上尽可能地弥补缺陷。为解决各位改善外形的刚需，我就来给各位讲讲 180cm 以下的男士到底该穿什么样的外套才能“不显矮”。

○这类外套的精髓总结出来只有一点：一定要短。

○按照常理来说，男人的外套一定要盖住臀部，否则看起来会显得有些“娘”。可对于上半身和下半身一样长的人来说，则“一定要短”。

○短外套是指最长至刚刚盖过牛仔裤口袋上方，最短不要在腰线以上的外套。这是为了把本来就不长的腿都露出来。同等身高下，腿露出来越多越显腿长，而腿长就显高。

○另外，搭配的裤子一定要修身合体才能显瘦，同等身高下，瘦要比胖显高。

○记住这些，你就已经掌握了穿衣显高的基本知识点。

○接下来，我把 180cm 以下的身高分为 3 档，来向各位分别介绍 3 款除了绅装之外男人最该入手的短款外套。从此以后，即使你只有 165cm，路人也会以看姚明的姿势仰视你。

如果你的身高<170cm：
瓦尔斯塔里诺夹克（Valstarino）

○在姑娘心里，170cm 就是一条分水岭，低于这个身高就是“特别矮”。帅的还好说，长得一般的就比较尴尬。

○你去健身房练个肌肉，且不说同等强度下你练不出 180cm 的肌肉量；就算你真的练成肌肉男了，你自以为像施瓦辛格（Arnold Schwarzenegger），但姑娘可能觉得你只是“等比例放大的提利昂”（Tyrion，《冰与火之歌》中的角色）。

○但在这个身高段的你也不要气馁，只要穿对外套，就算不穿增高鞋垫、不梳飞机头，也至少能“长高”5cm。

欧洲矮个的救星：Valstarino

○ Valstarino 诞生于 1935 年，是意大利皇家服饰供应商 Valstar（瓦尔斯塔）对美国飞行员夹克鼻祖 A-1 改良升级后的成果。

TALL

○它保留了 A-1 的全部精髓，不仅保暖防风，而且贴身的板型和恰到好处的衣长成功地拯救了“欧洲的矮子”——平均身高 177.8cm 的意大利男人，让他们成为全球的“撩妹之王”。

○血统最纯正的 Valstarino 应该是立领，7 粒明扣设计，采用翻盖明扣的方式固定明袋，领口、袖口和下摆全部是弹性收口。

○和 A-1 最大的区别是 Valstarino 一般是用柔软又挺括的羊麂皮制作，其中赤褐色是经典色。

○这个款式见证了意大利男人的百年风骚，在 2009 年与菲亚特（F.I.A.T）Flat 500、阿尔法·罗密欧（Alfa Romeo）Giuletta 等一起被评为 99 个意大利知名标志之一。

○穿 Valstarino 只要注意以下两点，你就会发现自己的短腿从未如此修长过。

上衣塞进裤子里

○下摆较长的上衣必须塞进裤子里，原理就跟姑娘穿高衩泳衣显腿长是一样的。

○如果要系腰带，大 Logo 款绝对是禁忌，不光是土的问题，还会让姑娘的注意力都集中在你的腰上，然后她的内心活动是：“他怎么系这种腰带？他的腿原来这么短，之前都没注意到。”

○所以，如果你是腰带爱好者，请务必选择和裤子颜色接近的那一条。

弱化腰线

○在不穿萝卜裤和超宽松（Oversize）上衣的情况下，如果全身保持一个深色的色调会把身高拉长到极致。

○原理就是不让你看出来我的腰在哪里，你也不知道我的腿到底有多短，这就是传说中的朦胧美。

○要注意，上装和下装的材质和面料需要有所区分，不要让姑娘觉得你穿的是连体装。

如果你的身高在 170—174cm：货车司机夹克（Trucker Jacket）

○ 170—174cm 真的是一个尴尬的身高。连 158cm 的姑娘都可以理直气壮地说你很矮，而跟 168cm 的姑娘站在一起，乍看起来身高也难分伯仲。

○我的一个朋友曾经精确地形容过处于这一身高段的男性迫切想证明自己的感受：“每次看到高个子的姑娘，总想走到她后面去，挺直背，看有没有她高。”

○但据统计，现在我国男性的平均身高是 171.8cm，所以 170—174cm 这个身高段的人其实非常多，只要在穿衣服上稍微用点心，还不至于被姑娘直接拒绝。

牛仔夹克中的贵族：Trucker Jacket

○一般来说，牛仔夹克的款式都是袖子长、衣身短。这样设计的原始目的是为了能骚气地露出牛仔裤上的袋花，不过倒也很好地改善了身材比例，最大程度地让你的腿看起来比较长。

○普通的牛仔夹克只能叫 Denim Jacket，而只有充满男人味的 Levi's 557XX 才配被称为 Trucker Jacket。

○现在能叫得出名字的牛仔品牌，都有模仿这一件的款式，比如 Nudie（赤裸）的 Perry826 系列，Iron Heart（铁心）的 IH-526BJ 系列。

○判断牛仔夹克是不是 Trucker Jacket 其实很简单，只要看前胸带上是否有两个“V”，有即是。这个“V”不光是一种外观设计，还起着支撑衣服板型的作用。就算你把它丢进洗衣机里狂甩几十次，它也能像刚买回来一样硬挺。

○除此之外，Trucker Jacket 有明显的收腰设计，跟一般款式相比剪裁更加修身。它采用的是 14 盎司中磅丹宁布料，挺括度很好，就算有啤酒肚也能很好地被遮住，让上半身保持一个流畅的线条。

○诞生于 1967 年的 Trucker Jacket 并非只有司机才会穿，那时正值反战、反文化运动时期，叛逆的年轻人都会穿上这件象征劳动阶层的衣服来表明自己的态度立场。

○牛仔夹克品种很多，贵的便宜的都有，但有历史感的 Trucker Jacket 才是几十年屹立不倒的街头之王。

○从搭配的角度来说，Trucker Jacket 款式耐看，只要注意以下几点，就没有搭配雷区。

- **不论什么时候，都别企图穿一条紧身白裤子** 虽然上面讲到，裤子瘦一些才能显腿长，但紧身白裤子绝对是禁忌，不要被棚拍片骗到。
- **上浅下深才是黄金原则** 搭一条比上身深一些的修身牛仔裤或者黑色卡其裤，无论什么时候都不会出错。
- **不要穿厚底老爹旅游鞋或者高帮球鞋** 先不说老爹鞋的滥大街程度，5cm 的大厚底在姑娘眼里就是最拙劣的增高手段。就算你本身并不算矮，姑娘也会觉得你很矬。另外，高帮球鞋会非常“吃腿”，穿上之后小腿基本等于“消失”，只有“侃爷”（Kanye O. West）的气场能驾驭得了。

○各位请记住，穿鞋一定不要用力过猛，一双基本款球鞋或者靴子就可以。

如果你的身高在 175—179cm：B-15 飞行员夹克（B-15 Bomber Jacket）

○现在“00 后”的初高中生都有很多身高 180cm 以上的了，175cm 的身高也只能稳居教室的前两排座位，体育课上只能靠人品勉强当个控球后卫。

○所以成年人这个身高真的只是不算“那么矮”而已，相亲的时候就别让隔壁邻居大姐卖力宣传了，容易尴尬。

○ 179cm 虽然和 180cm 只差 1cm，但绝对是两个世界。就像一件衣服卖 998 元和 1000 元，本能会觉得 1000 元的更高档，虽然实际上也没差多少。

○所以这个身高段的人，在“180cm+ 身高俱乐部”眼中也只是“浓缩的精华”。

○但是说实话，这个群体的硬件条件还是可以的，只要稍微注意下外套的款式和搭配，还是可以被姑娘睁一只眼闭一只眼地约等于 180cm。

最小众的飞行员夹克：B-15 Bomber Jacket

○一提到飞行员夹克，99% 的潮人都会说这几年满大街都是 MA-1，但是真正有审美趣味的人，从来不穿爆款。

○无论怎么看，B-15 都像是 MA-1 的改良版，但其实 B-15 是 MA-1 的亲爸爸。

○ B-15 是第一款采用尼龙面料制作的飞行员夹克，自它之后所有的飞行员夹克都是布面的了，比早期的 A-2、G-1 等皮质夹克更轻、防水性更好。

○ B-15 和 MA-1 的区别就是前者多了个人造毛领，不但能挡风，还能防止飞行员颈部皮肤过敏。

○ 1954 年美国空军物资部门发布条令，因为毛领十分易燃存在风险，所有的夹克都按要求换成了针织小立领。这时候 B-15 已经和 MA-1 相差无几了。

○ B-15 的配发时间很短，在美军中也并不十分流行，所以知道它的人，才算真正有资格说自己很懂“二战”历史。

○街头潮人最土的行为莫过于穿着爆款，不知出处。

○这款外套的肩部比一般的要稍宽一些，穿上之后头就会显小，头越小越显高。但是 B-15 有驼绒或者棉质夹层，所以还是有显胖的危险，在穿搭时要特别注意。

○不要内搭帽衫。通常情况下，帽衫都是比较宽松的款式，因此穿在不是 Oversize 的 B-15 里面会显得很臃肿。而且因为 B-15 有毛领的缘故，如果再搭配一个有帽子的衣服，颈部会过于拥挤，而“没脖子”就会让人看起来矮粗。

○以上就是“显高外套圣经”，各位只需根据自己的真实身高选择上述相应的外套即可。

○不少人把穿衣好看单纯地归因于个子高，虽然身高是先决条件，但它绝不是决定性因素。好比例，才是不露痕迹的增高术。

THE 46 DRESS CODES FOR MEN AFTER 30 YEARS OLD
30 岁以后男人的 46 条穿衣准则

○我曾经在手机上下载过一款类似“人生倒计时”的APP，假如设置80岁去世，它就会显示这个人已经存在了多少天，以及这辈子还剩下多少天。

○这让年近30岁的我意外地感受到了“人生已过1/3”的恐慌。

○ 20岁的时候，前程未卜，我们总是有理由选择相信“最好的可能”。

○到了30岁，你对自己哪些事能干，哪些事这辈子可能都干不了已经心里有数，这种确定感让你失去所有可以为自己开脱的理由。

○扭头一看，身边那些30岁的男人：

- ●面对已经经营了5年、工资和福利都还过得去但发展空间越来越小的主管职位，不知道是该这么耗下去，还是跳槽或者创业。如果重新开始，会比现在更好吗？
- ●每天看着自己越来越后退的发际线和时不时冒出来的白头发，体检报告上的轻度脂肪肝以及前列腺炎，无法接受自己居然有一天也会走到这一步。
- ●最近开始频繁遇到20世纪90年代末出生的姑娘，变得不再敢轻松说出自己的年龄，怕对方惊呼“你都30了？！”是要继续寻找自己心动的姑娘，还是应该和看起来会过日子的人尝试交往？

○“三十而立”的危机感谁都无法逃避，我不能帮你们解决这个难题，但最起码能教你们如何改善你们的穿着。

○脱掉你过去的衣服，就能脱掉你现在的焦虑。

○以下是我为各位男士总结的46条30岁以上的男人形象准则，望你我共勉。

01——— **把更多的钱花在更少的衣服上**

在这个年纪，衣服的质量远比数量更重要。与其买100件扎拉（Zara），不如买1件伯尔鲁蒂（Berluti）。

02——— **正视自己的身材问题**

每天洗澡前，全裸照照镜子，看看你的肚腩是否已挡住了你看脚的视线。

不要再硬穿两年前买的牛仔裤，也不要总是靠幻想自己瘦下来还是很帅而感到片刻安慰。面对现实吧，你已经到了多吃一点儿都会长肚子的年纪。

03——— **不能掌控自己的胖瘦，就无法掌控自己的人生**

连自己胖瘦都无法改变的人，还谈什么干大事？

04——— **无论胖瘦，确保所有的衣服必须合身**

30岁以后的男人没资格穿Oversize，这会让你自我麻痹，看不到身材存在的问题。

也别试图穿过于紧身的衣服强行展示自己每天坚持卧推深蹲2小时之后的肌肉，把自己搞得像“真空包装的德州扒鸡”。

05——— **学会自己去店里买衣服**

学会自己挑款式、面料、剪裁、做工、尺码，试图去发现适合自己的东西。

得有自己的判断，不要听信导购小姐“帅哥你拿这件准没错”的话。

06——— **建立一个“写着你名字”的品牌清单**

心里应该有个谱，你需要考虑的是“博柏利和阿玛尼哪个更适合我”，而不是“海澜之家真大”“杰克·琼斯（Jack Jones）又打折了”。

07——— **只允许自己穿没有褶皱的衣服**

养成自己熨衣服的习惯。不管衣服多贵，一个皱巴巴的后背就会让你瞬间“失分”。

08——— **勤洗衣服，学会看衣服的水洗标**

必须能分清哪些可以机洗，哪些必须送去楼下的干洗店。

不要再为了图省事，把内裤和袜子同时扔进洗衣机，哪怕都是自己的。

09——— **正装开始成为你衣橱中最主要的衣服**

25岁的时候，你可能只有一套能凑合穿的正装，用来应付偶尔需要去跑腿的正式场合。但到了30岁，正常情况下你应该已经是一个部门的领导，需要应酬的场合越来越多，来回穿那两三套差不多的正装无法体现你的职场专业度。

10——— **遵守着装社交礼仪，知道什么场合该穿什么**

试想一下你和你的下属代表公司去参加一个商业晚宴，你因为没打领带被拒之门外时，你的下属会怎么看待你这个上司？

11——— **拥有至少2—3套定制服装**

一套裁剪精良、合身得体的定制，会让你更有自信地在大客户面前说出那一句：

“您好，我是XX公司的商务总监David。”

12——— **人前人后，时刻保持良好形象**

别以为上班时间穿得人模狗样就行，你怎么知道

周六晚上穿海南花裤衩和夹脚人字拖去吃腰子的时候不会恰巧碰到最近新入职的漂亮姑娘？

13——**坚持去健身房锻炼，穿专业的运动装备**

无论是迪卡侬还是“椰子”，都不适合跑步机。

走出健身房，就把健身的行头脱掉。就算穿运动裤、运动鞋也不会有人认为你是“早上八九点钟的太阳”。

14——**哪怕钱再多，也不要用来买爆款球鞋**

28 岁时穿爆款球鞋，还能勉强理解为“高中时候学习不好，家长不给买好球鞋”的圆梦计划。

30 岁再穿爆款就是非主流，不要问为什么。

15——**不要用手机看时间，要看手上戴的那块高级腕表**

注意，“高级”的定义并不是指卡西欧（Casio）运动手表、苹果手表（Apple Watch）或者香奈儿（Chanel）J12，而是精准性、功能性、专业性都过硬的瑞士机械腕表。

16——**开始尝试佩戴一些珠宝**

30 岁的男人戴一些珠宝看起来会更成熟，有助于提升气场。

像克罗心（Chrome Hearts），高桥吾郎（Goro's）这种过于浮夸的风格，一般男人就不要考虑了，也许买得起，但 Hold（驾驭）不住。

17——**养成拿包装东西的习惯**

出门的时候，给你的钥匙、手机、卡、钱一个合理的去处，不要全部装进衣服口袋里。

18——**告别学生时代的双肩包**

就算是拿笔记本电脑去上班或者春运挤火车回家，也务必打消背起“瑞士军刀”双肩包的念头。

19——**就算支付宝里有 1000 万，也得把信用卡从像样的钱包里掏出来结账**

你能想象和姑娘去米其林餐厅吃饭，买单的时候被告知没办法用支付宝只能刷卡，而你的信用卡正和一叠卫生纸纠缠着立在你的裤子口袋里的场景，有多尴尬吗？

20——**定期清理你的钱包**

永远不要把安全套放在钱包夹层里，在超市买洗衣粉和卫生纸的购物小票也请及时扔掉。

21——**不要再使用 5 年前那张“海贼王”信用卡**

因为看起来额度只有 5000 元。

22——**掌握至少 4 种系领带的方法**

不要系成“红领巾”，享受系领带伏案办公时那种稍微有点“勒脖子”带来的克制感。

23——**拥有至少 1 条质感好的围巾**

成熟男人的围巾是指羊绒或者混纺面料的围巾，不是“女朋友棒针毛线爱心”围巾。

24——**妥善管理自己的衣橱**

记住，30 岁以后，男人的衣橱不再是沙发和床，以及椅子靠背。

25——**一年都没穿的衣服，需要被处理掉**

甭管是 100 块还是 10000 块，闲置代表无用。现在不会穿，以后也不会穿。

26——**30 岁以后，禁止留头发帘和染发**

但可以烫头，只要还有 1 根头发，都要注重发型管理。

27——**注重皮肤管理**

洗澡不等于洗脸。往脸上擦超市开架护肤品也不等于护肤。

不要觉得皱纹是男人成熟魅力的标志，那只针对长得帅的男人。

28——**把每天刮胡子的时间当成给自己的小小礼物**

如果有时间，尽量不要用自动刮胡刀。

眉毛连在一起，鼻毛冲出鼻孔，都是后天“人工返祖”的表现。

29——**一周剪一次指甲**

对于有些姑娘来说，手才是男人的第一张脸。

小手指留指甲是她们不能容忍的，更不能容忍的是你在公司茶水间一边喝咖啡一边悠闲地剪指甲。

永远不要随身携带指甲刀。

30——**每天出门之前，记得喷香水**

不要再做腋窝里发出“异香”的怪味男孩。

告别直男都能叫得出名的“爆款街香”，尝试沙龙香。

31——**不能容忍自己的皮鞋有一点点脏**

每天出门前，一定要检查一下皮鞋是否干净和光亮，以是否能照出自己今天梳的发型为标准。

32——**别把宽松四角内裤当外裤穿出门，下楼倒垃圾都不行**

无论你的四角内裤有多像沙滩裤，也仅限于在家打扫卫生的时候穿。

33——**能穿短袖，就别单穿跨栏背心**

跨栏背心，只属于健身房不穿运动装备的健硕大爷以及在公园乘凉的大哥。

34——**慎穿白色**

特别是白腰带、白正装、白袜子、白眼镜。

35——**夏天再热、暖气再烫，也不能光膀子**

在家也不行。

36——**除了爬珠峰，不要穿羽绒服**

穿上大衣，在雾霾中也要保持优雅。

不要表现出很冷的样子，男人怕冷也是一种“罪”。

37——**远离低腰裤、九分裤、破洞牛仔裤**

没人想看你若隐若现的内裤边、脚脖子和腿毛，这不是闷骚而是土。

不要让你对裤子的审美停留在韩国偶像团体的衣着水平上。

38——**Logo 能证明你有钱，也能证明你土**

不要试图用 Logo 来表现自己的品位，无论它是美特斯·邦威还是古驰。

39——**带花哨图案、字母的任何上衣都是品位的毒瘤，特别是底色为黑色的**

除非你想让别人觉得你是电竞主播。

40——**你的手机同样是你整体造型的一部分**

如果有“荷塘月色”中国风包邮手机壳，以及起泡的手机贴膜，请立即扔进垃圾桶。

41——**别再做个“潮人”**

不要什么流行就买什么。

高中的时候穿潮牌会被认为是有钱人家的孩子，受到羡慕。

到这个岁数了还这么穿，应该会被认为是卖山寨潮牌的倒爷。

42——**偶像包袱不宜太重**

注重自己的形象当然很重要，但不要看到反光的地方就检查自己的发型，放过那些汽车后视镜、玻璃橱窗。

43——**不要刻意经营、用力过猛**

不用每天都穿成绅士教科书里的样子，时刻保持成功人士的样子。

特别是当你回到老家，无论你披一件多贵的大衣，碰到用胳膊夹小皮包的高中同学，你还是输了。

44——**对别人的穿衣风格要包容，不要指指点点**

即使你的上司把 Polo 领竖了起来。

45——**不要相信“绝对准则”**

没有什么是绝对的真理，就算是最权威的人告诉你的事情，你也依然要思考和怀疑。

46——**最重要的一条，别让姑娘来决定你的穿着**

20 岁的时候，你的品位就像墙头草，根据历任女友的审美喜好来回摇摆；到了 30 岁，你应该开始有自己的坚持，学着取悦自己。

如果你今天只记住了一条规则，我希望是这一条。

○ 30 岁是男人的一道坎，恐慌感谁也躲不过。

○感觉很多东西没抓住，不知道有些东西是不是该放弃。

○也许我们现在唯一能做到的，就是积极改善自己还不算糟糕的外在形象，增加直面未来的勇气。

○给人生剩下的 2/3，一个新的开始。

主编：杜绍斐
副主编：张晗宇
鸣谢：付愈、杜晓、安琳、张涵骁、马钒清、韩磊

图书在版编目（CIP）数据

有斐.1，男士基本款 / 杜绍斐著.—北京：生活书店出版有限公司，2018.10

ISBN 978-7-80768-261-5

Ⅰ.①有… Ⅱ.①杜… Ⅲ.①男性－服饰美学 Ⅳ.①TS973.4

中国版本图书馆CIP数据核字（2018）第164847号

策划人 邝芮
责任编辑 邝芮 刘笛 李方晴
图书设计 typo_d
责任印制 常宁强
出版发行 生活書店出版有限公司
（北京市东城区美术馆东街22号）
邮编 100010
经销 新华书店
印刷 北京顶佳世纪印刷有限公司
版次 2018年10月北京第1版
2018年10月北京第1次印刷
开本 787毫米×1092毫米 1/16 印张 10.75
字数 150千字 图54幅
印数 00,001—30,000册
定价 58.00元
（印装查询：010-64059389；
邮购查询：010-84010542）